# Three Digit
# Addition and Subtraction
# Practice Book

# This Workbook belongs to:

# TABLE OF CONTENTS

This book is well furnished with learning activities, creative ideas and well composed exercises to make learning easy and enjoyable for little scholars. Learning & teaching is fun, not a burden.

# ABOUT THIS BOOK

**This 3 - digit addition and subtraction Math practice Book is developed to make book learning easy and fun for the little scholars. The Book is comprised of the physical as well as mental activities to engage the learners and make learning pleasing and entertaining instead of being traditional & boring.**

Learning is not restricted to boundaries. Make the whole world classroom for your kids, get your children excited about creativity and new ideas, and let them explore something new through the learning activities as fun time. Just enjoy teaching with little scholars in fun filled ways

*Always Stay happy.....*

# Chapter #1

# ADDITION WITHOUT REGROUPING

Addition is an action of calculating two or more numbers together.

Like 355 + 345 = 700

The resultant number from Addition of two or more numbers is called ` Sum '.

Addition is represented by the Plus "+" sign.

# PRACTICE TIME

1

| | H | T | O |
|---|---|---|---|
| | 1 | 7 | 2 |
| + | 3 | 1 | 0 |

2

| | H | T | O |
|---|---|---|---|
| | 1 | 6 | 2 |
| + | 2 | 1 | 0 |

3

| | H | T | O |
|---|---|---|---|
| | 5 | 7 | 2 |
| + | 4 | 1 | 1 |

4

| | H | T | O |
|---|---|---|---|
| | 3 | 7 | 0 |
| + | 3 | 2 | 0 |

5

| | H | T | O |
|---|---|---|---|
| | 5 | 2 | 2 |
| + | 3 | 1 | 5 |

6

| | H | T | O |
|---|---|---|---|
| | 8 | 6 | 2 |
| + | 1 | 1 | 0 |

7

| | H | T | O |
|---|---|---|---|
| | 1 | 2 | 0 |
| + | 5 | 5 | 1 |

8

| | H | T | O |
|---|---|---|---|
| | 2 | 7 | 5 |
| + | 3 | 0 | 4 |

9

| | H | T | O |
|---|---|---|---|
| | 1 | 7 | 9 |
| + | 5 | 1 | 0 |

10

| | H | T | O |
|---|---|---|---|
| | 7 | 6 | 7 |
| + | 2 | 3 | 1 |

11

| | H | T | O |
|---|---|---|---|
| | 8 | 3 | 1 |
| + | 1 | 0 | 1 |

12

| | H | T | O |
|---|---|---|---|
| | 5 | 0 | 7 |
| + | 3 | 2 | 1 |

# PRACTICE TIME

1)
| | H | T | O |
|---|---|---|---|
| | 2 | 7 | 1 |
| + | 4 | 1 | 0 |

2)
| | H | T | O |
|---|---|---|---|
| | 2 | 6 | 2 |
| + | 4 | 1 | 1 |

3)
| | H | T | O |
|---|---|---|---|
| | 2 | 2 | 2 |
| + | 4 | 2 | 5 |

4)
| | H | T | O |
|---|---|---|---|
| | 2 | 7 | 0 |
| + | 4 | 2 | 0 |

5)
| | H | T | O |
|---|---|---|---|
| | 2 | 6 | 3 |
| + | 5 | 3 | 2 |

6)
| | H | T | O |
|---|---|---|---|
| | 1 | 4 | 2 |
| + | 2 | 1 | 7 |

7)
| | H | T | O |
|---|---|---|---|
| | 4 | 2 | 7 |
| + | 3 | 5 | 1 |

8)
| | H | T | O |
|---|---|---|---|
| | 1 | 7 | 0 |
| + | 2 | 1 | 5 |

9)
| | H | T | O |
|---|---|---|---|
| | 2 | 5 | 8 |
| + | 7 | 0 | 1 |

10)
| | H | T | O |
|---|---|---|---|
| | 8 | 6 | 7 |
| + | 1 | 3 | 2 |

11)
| | H | T | O |
|---|---|---|---|
| | 7 | 3 | 2 |
| + | 2 | 1 | 2 |

12)
| | H | T | O |
|---|---|---|---|
| | 1 | 0 | 9 |
| + | 4 | 2 | 0 |

Date: ____________________ Remarks: ____________________

# PRACTICE TIME

| 1 | H | T | O |
|---|---|---|---|
| | 2 | 1 | 2 |
| + | 3 | 4 | 1 |
| | | | |

| 2 | H | T | O |
|---|---|---|---|
| | 2 | 1 | 4 |
| + | 3 | 4 | 2 |
| | | | |

| 3 | H | T | O |
|---|---|---|---|
| | 2 | 1 | 6 |
| + | 3 | 4 | 3 |
| | | | |

| 4 | H | T | O |
|---|---|---|---|
| | 2 | 1 | 8 |
| + | 3 | 4 | 0 |
| | | | |

| 5 | H | T | O |
|---|---|---|---|
| | 2 | 2 | 0 |
| + | 3 | 5 | 5 |
| | | | |

| 6 | H | T | O |
|---|---|---|---|
| | 2 | 2 | 2 |
| + | 3 | 1 | 1 |
| | | | |

| 7 | H | T | O |
|---|---|---|---|
| | 2 | 2 | 4 |
| + | 5 | 0 | 1 |
| | | | |

| 8 | H | T | O |
|---|---|---|---|
| | 2 | 2 | 6 |
| + | 1 | 0 | 3 |
| | | | |

| 9 | H | T | O |
|---|---|---|---|
| | 2 | 2 | 8 |
| + | 3 | 1 | 0 |
| | | | |

| 10 | H | T | O |
|---|---|---|---|
| | 2 | 3 | 0 |
| + | 3 | 3 | 1 |
| | | | |

| 11 | H | T | O |
|---|---|---|---|
| | 2 | 3 | 2 |
| + | 4 | 0 | 1 |
| | | | |

| 12 | H | T | O |
|---|---|---|---|
| | 2 | 3 | 4 |
| + | 1 | 2 | 0 |
| | | | |

Date: ____________ Remarks: ____________

# PRACTICE TIME

1)

| H | T | O |
|---|---|---|
| 3 | 0 | 1 |
| + 1 | 0 | 3 |

2)

| H | T | O |
|---|---|---|
| 3 | 0 | 3 |
| + 3 | 1 | 0 |

3)

| H | T | O |
|---|---|---|
| 3 | 0 | 5 |
| + 5 | 1 | 1 |

4)

| H | T | O |
|---|---|---|
| 3 | 6 | 0 |
| + 1 | 2 | 1 |

5)

| H | T | O |
|---|---|---|
| 3 | 0 | 7 |
| + 3 | 9 | 2 |

6)

| H | T | O |
|---|---|---|
| 3 | 1 | 1 |
| + 2 | 6 | 0 |

7)

| H | T | O |
|---|---|---|
| 3 | 1 | 3 |
| + 4 | 0 | 1 |

8)

| H | T | O |
|---|---|---|
| 3 | 1 | 5 |
| + 3 | 7 | 4 |

9)

| H | T | O |
|---|---|---|
| 3 | 1 | 7 |
| + 4 | 1 | 2 |

10)

| H | T | O |
|---|---|---|
| 3 | 1 | 9 |
| + 1 | 5 | 0 |

11)

| H | T | O |
|---|---|---|
| 3 | 2 | 1 |
| + 5 | 0 | 0 |

12)

| H | T | O |
|---|---|---|
| 3 | 2 | 3 |
| + 4 | 2 | 0 |

# PRACTICE TIME

1)

| | H | T | O |
|---|---|---|---|
| | 4 | 5 | 1 |
| + | 2 | 3 | 5 |

2)

| | H | T | O |
|---|---|---|---|
| | 4 | 5 | 3 |
| + | 2 | 3 | 0 |

3)

| | H | T | O |
|---|---|---|---|
| | 4 | 5 | 7 |
| + | 4 | 0 | 1 |

4)

| | H | T | O |
|---|---|---|---|
| | 4 | 5 | 9 |
| + | 2 | 1 | 0 |

5)

| | H | T | O |
|---|---|---|---|
| | 4 | 6 | 1 |
| + | 2 | 1 | 7 |

6)

| | H | T | O |
|---|---|---|---|
| | 4 | 6 | 3 |
| + | 5 | 1 | 2 |

7)

| | H | T | O |
|---|---|---|---|
| | 4 | 6 | 5 |
| + | 5 | 2 | 1 |

8)

| | H | T | O |
|---|---|---|---|
| | 4 | 6 | 7 |
| + | 4 | 0 | 1 |

9)

| | H | T | O |
|---|---|---|---|
| | 4 | 6 | 9 |
| + | 5 | 3 | 0 |

10)

| | H | T | O |
|---|---|---|---|
| | 4 | 7 | 1 |
| + | 3 | 2 | 2 |

11)

| | H | T | O |
|---|---|---|---|
| | 4 | 7 | 3 |
| + | 3 | 2 | 1 |

12)

| | H | T | O |
|---|---|---|---|
| | 4 | 7 | 5 |
| + | 2 | 1 | 2 |

# PRACTICE TIME

1.

| | H | T | O |
|---|---|---|---|
| | 5 | 8 | 2 |
| + | 3 | 1 | 5 |
| | | | |

2.

| | H | T | O |
|---|---|---|---|
| | 5 | 8 | 4 |
| + | 3 | 1 | 4 |
| | | | |

3.

| | H | T | O |
|---|---|---|---|
| | 5 | 8 | 6 |
| + | 1 | 1 | 2 |
| | | | |

4.

| | H | T | O |
|---|---|---|---|
| | 5 | 8 | 8 |
| + | 4 | 1 | 0 |
| | | | |

5.

| | H | T | O |
|---|---|---|---|
| | 5 | 9 | 0 |
| + | 2 | 0 | 7 |
| | | | |

6.

| | H | T | O |
|---|---|---|---|
| | 5 | 9 | 2 |
| + | 3 | 0 | 6 |
| | | | |

7.

| | H | T | O |
|---|---|---|---|
| | 5 | 9 | 4 |
| + | 4 | 0 | 2 |
| | | | |

8.

| | H | T | O |
|---|---|---|---|
| | 5 | 9 | 6 |
| + | 3 | 0 | 1 |
| | | | |

9.

| | H | T | O |
|---|---|---|---|
| | 5 | 9 | 8 |
| + | 3 | 0 | 0 |
| | | | |

10.

| | H | T | O |
|---|---|---|---|
| | 6 | 0 | 0 |
| + | 3 | 3 | 9 |
| | | | |

11.

| | H | T | O |
|---|---|---|---|
| | 6 | 0 | 2 |
| + | 2 | 2 | 5 |
| | | | |

12.

| | H | T | O |
|---|---|---|---|
| | 6 | 0 | 4 |
| + | 1 | 9 | 2 |
| | | | |

Date: ____________ Remarks: ____________

# PRACTICE TIME

1

| | H | T | O |
|---|---|---|---|
| | 6 | 4 | 9 |
| + | 1 | 1 | 0 |

2

| | H | T | O |
|---|---|---|---|
| | 6 | 5 | 0 |
| + | 1 | 1 | 1 |

3

| | H | T | O |
|---|---|---|---|
| | 6 | 5 | 1 |
| + | 1 | 1 | 2 |

4

| | H | T | O |
|---|---|---|---|
| | 6 | 5 | 2 |
| + | 1 | 1 | 3 |

5

| | H | T | O |
|---|---|---|---|
| | 6 | 5 | 3 |
| + | 1 | 1 | 4 |

6

| | H | T | O |
|---|---|---|---|
| | 6 | 5 | 4 |
| + | 1 | 1 | 5 |

7

| | H | T | O |
|---|---|---|---|
| | 6 | 5 | 5 |
| + | 1 | 1 | 3 |

8

| | H | T | O |
|---|---|---|---|
| | 6 | 5 | 7 |
| + | 1 | 1 | 1 |

9

| | H | T | O |
|---|---|---|---|
| | 6 | 5 | 1 |
| + | 1 | 1 | 8 |

10

| | H | T | O |
|---|---|---|---|
| | 6 | 5 | 9 |
| + | 1 | 1 | 0 |

11

| | H | T | O |
|---|---|---|---|
| | 6 | 6 | 0 |
| + | 1 | 2 | 0 |

12

| | H | T | O |
|---|---|---|---|
| | 6 | 6 | 1 |
| + | 1 | 2 | 1 |

# PRACTICE TIME

1

| | H | T | O |
|---|---|---|---|
| | 8 | 0 | 0 |
| + | 1 | 1 | 1 |

2

| | H | T | O |
|---|---|---|---|
| | 8 | 0 | 1 |
| + | 1 | 0 | 2 |

3

| | H | T | O |
|---|---|---|---|
| | 8 | 0 | 2 |
| + | 1 | 1 | 2 |

4

| | H | T | O |
|---|---|---|---|
| | 8 | 0 | 3 |
| + | 1 | 1 | 3 |

5

| | H | T | O |
|---|---|---|---|
| | 8 | 0 | 4 |
| + | 1 | 0 | 4 |

6

| | H | T | O |
|---|---|---|---|
| | 8 | 0 | 5 |
| + | 1 | 1 | 4 |

7

| | H | T | O |
|---|---|---|---|
| | 8 | 0 | 6 |
| + | 1 | 1 | 1 |

8

| | H | T | O |
|---|---|---|---|
| | 8 | 0 | 7 |
| + | 1 | 1 | 2 |

9

| | H | T | O |
|---|---|---|---|
| | 8 | 0 | 8 |
| + | 1 | 0 | 0 |

10

| | H | T | O |
|---|---|---|---|
| | 8 | 0 | 9 |
| + | 1 | 3 | 0 |

11

| | H | T | O |
|---|---|---|---|
| | 8 | 1 | 0 |
| + | 1 | 0 | 1 |

12

| | H | T | O |
|---|---|---|---|
| | 8 | 1 | 1 |
| + | 1 | 2 | 1 |

# PRACTICE TIME

1)

| | H | T | O |
|---|---|---|---|
| | 4 | 7 | 2 |
| + | 1 | 2 | 0 |

2)

| | H | T | O |
|---|---|---|---|
| | 4 | 7 | 3 |
| + | 1 | 2 | 1 |

3)

| | H | T | O |
|---|---|---|---|
| | 4 | 7 | 4 |
| + | 1 | 2 | 2 |

4)

| | H | T | O |
|---|---|---|---|
| | 4 | 7 | 5 |
| + | 1 | 2 | 3 |

5)

| | H | T | O |
|---|---|---|---|
| | 4 | 7 | 6 |
| + | 1 | 1 | 3 |

6)

| | H | T | O |
|---|---|---|---|
| | 4 | 7 | 7 |
| + | 1 | 2 | 0 |

7)

| | H | T | O |
|---|---|---|---|
| | 4 | 7 | 8 |
| + | 1 | 0 | 0 |

8)

| | H | T | O |
|---|---|---|---|
| | 4 | 7 | 9 |
| + | 2 | 1 | 0 |

9)

| | H | T | O |
|---|---|---|---|
| | 4 | 8 | 0 |
| + | 5 | 1 | 0 |

10)

| | H | T | O |
|---|---|---|---|
| | 4 | 8 | 1 |
| + | 1 | 0 | 1 |

11)

| | H | T | O |
|---|---|---|---|
| | 4 | 8 | 2 |
| + | 1 | 0 | 5 |

12)

| | H | T | O |
|---|---|---|---|
| | 4 | 8 | 3 |
| + | 1 | 1 | 5 |

# PRACTICE TIME

| 1 | H | T | O |
|---|---|---|---|
| | 2 | 5 | 1 |
| + | 3 | 1 | 0 |

| 2 | H | T | O |
|---|---|---|---|
| | 2 | 5 | 2 |
| + | 2 | 1 | 0 |

| 3 | H | T | O |
|---|---|---|---|
| | 2 | 5 | 3 |
| + | 4 | 1 | 1 |

| 4 | H | T | O |
|---|---|---|---|
| | 2 | 5 | 4 |
| + | 3 | 2 | 0 |

| 5 | H | T | O |
|---|---|---|---|
| | 2 | 5 | 5 |
| + | 3 | 1 | 4 |

| 6 | H | T | O |
|---|---|---|---|
| | 2 | 5 | 6 |
| + | 1 | 1 | 0 |

| 7 | H | T | O |
|---|---|---|---|
| | 2 | 5 | 7 |
| + | 5 | 4 | 1 |

| 8 | H | T | O |
|---|---|---|---|
| | 2 | 5 | 8 |
| + | 3 | 0 | 1 |

| 9 | H | T | O |
|---|---|---|---|
| | 2 | 5 | 9 |
| + | 5 | 1 | 0 |

| 10 | H | T | O |
|---|---|---|---|
| | 2 | 6 | 0 |
| + | 2 | 3 | 1 |

| 11 | H | T | O |
|---|---|---|---|
| | 2 | 6 | 1 |
| + | 2 | 3 | 5 |

| 12 | H | T | O |
|---|---|---|---|
| | 2 | 6 | 2 |
| + | 3 | 2 | 1 |

# Let's have some fun!

Have Fun with this wheel Activity

## SPIN AND SOLVE

Make this circle on a round paper, you can also use different digits as it's a way of dril in the form of activity. You can use a pin or pencil to spin this circle. Spin the first circle and write down the number, then spin the second circle and write the number down and now add both.

**Let's do this on the next page!**

## Color the stars if your answers are correct

H T O

+

H T O

+

H T O

+

H T O

+

H T O

+

H T O

+

Have you enjoyed the activity?

Date: ______________ Remarks: ______________

# PRACTICE TIME

1)

| | H | T | O |
|---|---|---|---|
| | 2 | 6 | 1 |
| + | 2 | 3 | 0 |

2)

| | H | T | O |
|---|---|---|---|
| | 2 | 5 | 0 |
| + | 2 | 4 | 0 |

3)

| | H | T | O |
|---|---|---|---|
| | 2 | 1 | 3 |
| + | 2 | 5 | 1 |

4)

| | H | T | O |
|---|---|---|---|
| | 3 | 5 | 9 |
| + | 3 | 4 | 0 |

5)

| | H | T | O |
|---|---|---|---|
| | 3 | 5 | 5 |
| + | 2 | 1 | 4 |

6)

| | H | T | O |
|---|---|---|---|
| | 5 | 5 | 6 |
| + | 3 | 1 | 0 |

7)

| | H | T | O |
|---|---|---|---|
| | 2 | 5 | 7 |
| + | 4 | 3 | 0 |

8)

| | H | T | O |
|---|---|---|---|
| | 4 | 5 | 8 |
| + | 2 | 0 | 1 |

9)

| | H | T | O |
|---|---|---|---|
| | 3 | 5 | 9 |
| + | 2 | 1 | 0 |

10)

| | H | T | O |
|---|---|---|---|
| | 7 | 6 | 2 |
| + | 1 | 3 | 1 |

11)

| | H | T | O |
|---|---|---|---|
| | 4 | 3 | 1 |
| + | 2 | 3 | 0 |

12)

| | H | T | O |
|---|---|---|---|
| | 3 | 6 | 0 |
| + | 3 | 3 | 1 |

# PRACTICE TIME

1.

| | H | T | O |
|---|---|---|---|
| | 1 | 5 | 1 |
| + | 3 | 1 | 0 |

2.

| | H | T | O |
|---|---|---|---|
| | 1 | 5 | 2 |
| + | 2 | 1 | 0 |

3.

| | H | T | O |
|---|---|---|---|
| | 1 | 5 | 3 |
| + | 4 | 1 | 1 |

4.

| | H | T | O |
|---|---|---|---|
| | 1 | 5 | 4 |
| + | 3 | 2 | 0 |

5.

| | H | T | O |
|---|---|---|---|
| | 1 | 5 | 5 |
| + | 3 | 1 | 4 |

6.

| | H | T | O |
|---|---|---|---|
| | 1 | 5 | 6 |
| + | 1 | 1 | 0 |

7.

| | H | T | O |
|---|---|---|---|
| | 1 | 5 | 7 |
| + | 5 | 4 | 1 |

8.

| | H | T | O |
|---|---|---|---|
| | 1 | 5 | 8 |
| + | 3 | 0 | 1 |

9.

| | H | T | O |
|---|---|---|---|
| | 1 | 5 | 9 |
| + | 5 | 1 | 0 |

10.

| | H | T | O |
|---|---|---|---|
| | 1 | 6 | 0 |
| + | 2 | 3 | 1 |

11.

| | H | T | O |
|---|---|---|---|
| | 1 | 6 | 1 |
| + | 2 | 3 | 5 |

12.

| | H | T | O |
|---|---|---|---|
| | 1 | 6 | 2 |
| + | 3 | 2 | 1 |

# PRACTICE TIME

| 1 | H | T | O | 2 | H | T | O | 3 | H | T | O |
|---|---|---|---|---|---|---|---|---|---|---|---|
| | 1 | 0 | 1 | | 2 | 0 | 2 | | 2 | 0 | 3 |
| + | 4 | 1 | 0 | + | 4 | 1 | 1 | + | 4 | 1 | 2 |
| | | | | | | | | | | | |

| 4 | H | T | O | 5 | H | T | O | 6 | H | T | O |
|---|---|---|---|---|---|---|---|---|---|---|---|
| | 1 | 5 | 4 | | 1 | 5 | 5 | | 1 | 5 | 6 |
| + | 4 | 2 | 0 | + | 4 | 1 | 4 | + | 4 | 1 | 0 |
| | | | | | | | | | | | |

| 7 | H | T | O | 8 | H | T | O | 9 | H | T | O |
|---|---|---|---|---|---|---|---|---|---|---|---|
| | 1 | 5 | 7 | | 1 | 5 | 8 | | 1 | 5 | 9 |
| + | 4 | 3 | 1 | + | 4 | 0 | 1 | + | 4 | 1 | 0 |
| | | | | | | | | | | | |

| 10 | H | T | O | 11 | H | T | O | 12 | H | T | O |
|---|---|---|---|---|---|---|---|---|---|---|---|
| | 1 | 6 | 0 | | 1 | 6 | 1 | | 1 | 6 | 2 |
| + | 4 | 3 | 1 | + | 4 | 3 | 5 | + | 4 | 2 | 1 |
| | | | | | | | | | | | |

# PRACTICE TIME

| | | | |
|---|---|---|---|
| 1 | H | T | O |
| | 4 | 5 | 1 |
| + | 2 | 1 | 0 |

| | | | |
|---|---|---|---|
| 2 | H | T | O |
| | 4 | 5 | 2 |
| + | 2 | 1 | 0 |

| | | | |
|---|---|---|---|
| 3 | H | T | O |
| | 4 | 5 | 3 |
| + | 2 | 1 | 1 |

| | | | |
|---|---|---|---|
| 4 | H | T | O |
| | 4 | 5 | 4 |
| + | 2 | 2 | 0 |

| | | | |
|---|---|---|---|
| 5 | H | T | O |
| | 4 | 5 | 5 |
| + | 2 | 1 | 4 |

| | | | |
|---|---|---|---|
| 6 | H | T | O |
| | 4 | 5 | 6 |
| + | 2 | 1 | 0 |

| | | | |
|---|---|---|---|
| 7 | H | T | O |
| | 4 | 5 | 7 |
| + | 2 | 2 | 1 |

| | | | |
|---|---|---|---|
| 8 | H | T | O |
| | 4 | 5 | 8 |
| + | 2 | 0 | 1 |

| | | | |
|---|---|---|---|
| 9 | H | T | O |
| | 4 | 5 | 9 |
| + | 2 | 1 | 0 |

| | | | |
|---|---|---|---|
| 10 | H | T | O |
| | 4 | 6 | 0 |
| + | 2 | 3 | 1 |

| | | | |
|---|---|---|---|
| 11 | H | T | O |
| | 4 | 6 | 1 |
| + | 2 | 3 | 5 |

| | | | |
|---|---|---|---|
| 12 | H | T | O |
| | 4 | 6 | 2 |
| + | 2 | 2 | 1 |

# PRACTICE TIME

1.

| | H | T | O |
|---|---|---|---|
| | 2 | 5 | 7 |
| + | 3 | 1 | 1 |
| | | | |

2.

| | H | T | O |
|---|---|---|---|
| | 2 | 5 | 7 |
| + | 2 | 1 | 1 |
| | | | |

3.

| | H | T | O |
|---|---|---|---|
| | 2 | 5 | 7 |
| + | 4 | 1 | 1 |
| | | | |

4.

| | H | T | O |
|---|---|---|---|
| | 2 | 5 | 7 |
| + | 3 | 2 | 1 |
| | | | |

5.

| | H | T | O |
|---|---|---|---|
| | 2 | 5 | 7 |
| + | 3 | 1 | 1 |
| | | | |

6.

| | H | T | O |
|---|---|---|---|
| | 2 | 5 | 7 |
| + | 1 | 1 | 1 |
| | | | |

7.

| | H | T | O |
|---|---|---|---|
| | 2 | 0 | 7 |
| + | 5 | 5 | 1 |
| | | | |

8.

| | H | T | O |
|---|---|---|---|
| | 2 | 5 | 7 |
| + | 3 | 0 | 1 |
| | | | |

9.

| | H | T | O |
|---|---|---|---|
| | 2 | 5 | 7 |
| + | 5 | 1 | 1 |
| | | | |

10.

| | H | T | O |
|---|---|---|---|
| | 2 | 6 | 7 |
| + | 2 | 3 | 1 |
| | | | |

11.

| | H | T | O |
|---|---|---|---|
| | 2 | 6 | 1 |
| + | 2 | 3 | 7 |
| | | | |

12.

| | H | T | O |
|---|---|---|---|
| | 2 | 6 | 7 |
| + | 3 | 0 | 1 |
| | | | |

# PRACTICE TIME

1.

| | H | T | O |
|---|---|---|---|
| | 2 | 4 | 1 |
| + | 3 | 0 | 0 |

2.

| | H | T | O |
|---|---|---|---|
| | 2 | 4 | 2 |
| + | 2 | 1 | 0 |

3.

| | H | T | O |
|---|---|---|---|
| | 2 | 4 | 3 |
| + | 4 | 2 | 1 |

4.

| | H | T | O |
|---|---|---|---|
| | 2 | 4 | 4 |
| + | 3 | 2 | 0 |

5.

| | H | T | O |
|---|---|---|---|
| | 2 | 4 | 5 |
| + | 3 | 2 | 4 |

6.

| | H | T | O |
|---|---|---|---|
| | 2 | 4 | 6 |
| + | 1 | 1 | 0 |

7.

| | H | T | O |
|---|---|---|---|
| | 2 | 4 | 7 |
| + | 5 | 4 | 1 |

8.

| | H | T | O |
|---|---|---|---|
| | 2 | 4 | 8 |
| + | 3 | 3 | 1 |

9.

| | H | T | O |
|---|---|---|---|
| | 2 | 4 | 9 |
| + | 5 | 2 | 0 |

10.

| | H | T | O |
|---|---|---|---|
| | 2 | 4 | 0 |
| + | 2 | 5 | 1 |

11.

| | H | T | O |
|---|---|---|---|
| | 2 | 4 | 1 |
| + | 2 | 2 | 5 |

12.

| | H | T | O |
|---|---|---|---|
| | 2 | 4 | 2 |
| + | 3 | 1 | 1 |

# PRACTICE TIME

1

| | H | T | O |
|---|---|---|---|
| | 2 | 0 | 0 |
| + | 3 | 7 | 0 |
| | | | |

2

| | H | T | O |
|---|---|---|---|
| | 2 | 5 | 0 |
| + | 7 | 1 | 0 |
| | | | |

3

| | H | T | O |
|---|---|---|---|
| | 2 | 4 | 0 |
| + | 6 | 1 | 1 |
| | | | |

4

| | H | T | O |
|---|---|---|---|
| | 3 | 5 | 2 |
| + | 3 | 0 | 0 |
| | | | |

5

| | H | T | O |
|---|---|---|---|
| | 3 | 5 | 0 |
| + | 3 | 1 | 0 |
| | | | |

6

| | H | T | O |
|---|---|---|---|
| | 5 | 5 | 6 |
| + | 1 | 0 | 0 |
| | | | |

7

| | H | T | O |
|---|---|---|---|
| | 2 | 0 | 2 |
| + | 4 | 5 | 0 |
| | | | |

8

| | H | T | O |
|---|---|---|---|
| | 3 | 4 | 7 |
| + | 3 | 0 | 1 |
| | | | |

9

| | H | T | O |
|---|---|---|---|
| | 2 | 5 | 7 |
| + | 5 | 0 | 0 |
| | | | |

10

| | H | T | O |
|---|---|---|---|
| | 2 | 6 | 0 |
| + | 4 | 3 | 9 |
| | | | |

11

| | H | T | O |
|---|---|---|---|
| | 2 | 0 | 0 |
| + | 5 | 3 | 1 |
| | | | |

12

| | H | T | O |
|---|---|---|---|
| | 2 | 0 | 0 |
| + | 4 | 2 | 0 |
| | | | |

# PRACTICE TIME

1.

| | H | T | O |
|---|---|---|---|
| | 2 | 5 | 1 |
| + | 3 | 1 | 0 |
| | | | |

2.

| | H | T | O |
|---|---|---|---|
| | 6 | 5 | 2 |
| + | 2 | 1 | 0 |
| | | | |

3.

| | H | T | O |
|---|---|---|---|
| | 3 | 5 | 3 |
| + | 4 | 1 | 1 |
| | | | |

4.

| | H | T | O |
|---|---|---|---|
| | 1 | 5 | 4 |
| + | 2 | 2 | 0 |
| | | | |

5.

| | H | T | O |
|---|---|---|---|
| | 4 | 5 | 5 |
| + | 2 | 1 | 4 |
| | | | |

6.

| | H | T | O |
|---|---|---|---|
| | 3 | 5 | 6 |
| + | 4 | 1 | 0 |
| | | | |

7.

| | H | T | O |
|---|---|---|---|
| | 3 | 5 | 7 |
| + | 4 | 0 | 0 |
| | | | |

8.

| | H | T | O |
|---|---|---|---|
| | 4 | 5 | 8 |
| + | 3 | 0 | 0 |
| | | | |

9.

| | H | T | O |
|---|---|---|---|
| | 3 | 5 | 1 |
| + | 5 | 1 | 0 |
| | | | |

10.

| | H | T | O |
|---|---|---|---|
| | 5 | 6 | 0 |
| + | 1 | 0 | 0 |
| | | | |

11.

| | H | T | O |
|---|---|---|---|
| | 2 | 0 | 1 |
| + | 2 | 3 | 0 |
| | | | |

12.

| | H | T | O |
|---|---|---|---|
| | 2 | 6 | 0 |
| + | 3 | 0 | 1 |
| | | | |

# PRACTICE TIME

1.

| | H | T | O |
|---|---|---|---|
| | 7 | 5 | 1 |
| + | 1 | 2 | 0 |
| | | | |

2.

| | H | T | O |
|---|---|---|---|
| | 7 | 5 | 2 |
| + | 2 | 1 | 0 |
| | | | |

3.

| | H | T | O |
|---|---|---|---|
| | 4 | 7 | 3 |
| + | 4 | 1 | 1 |
| | | | |

4.

| | H | T | O |
|---|---|---|---|
| | 7 | 5 | 4 |
| + | 1 | 2 | 0 |
| | | | |

5.

| | H | T | O |
|---|---|---|---|
| | 3 | 5 | 5 |
| + | 2 | 1 | 4 |
| | | | |

6.

| | H | T | O |
|---|---|---|---|
| | 7 | 5 | 6 |
| + | 1 | 1 | 0 |
| | | | |

7.

| | H | T | O |
|---|---|---|---|
| | 7 | 5 | 7 |
| + | 2 | 3 | 1 |
| | | | |

8.

| | H | T | O |
|---|---|---|---|
| | 2 | 5 | 8 |
| + | 7 | 0 | 1 |
| | | | |

9.

| | H | T | O |
|---|---|---|---|
| | 7 | 5 | 9 |
| + | 2 | 1 | 0 |
| | | | |

10.

| | H | T | O |
|---|---|---|---|
| | 8 | 6 | 0 |
| + | 1 | 3 | 1 |
| | | | |

11.

| | H | T | O |
|---|---|---|---|
| | 1 | 6 | 1 |
| + | 8 | 3 | 5 |
| | | | |

12.

| | H | T | O |
|---|---|---|---|
| | 8 | 6 | 2 |
| + | 1 | 2 | 1 |
| | | | |

# Fun Time!

Making the concept clear of Ones and Tens to better understand the regrouping. Use toothpicks and rubber bands and make learning fun for kids.

Now ask the kids to make the numbers with toothpicks according to place values.

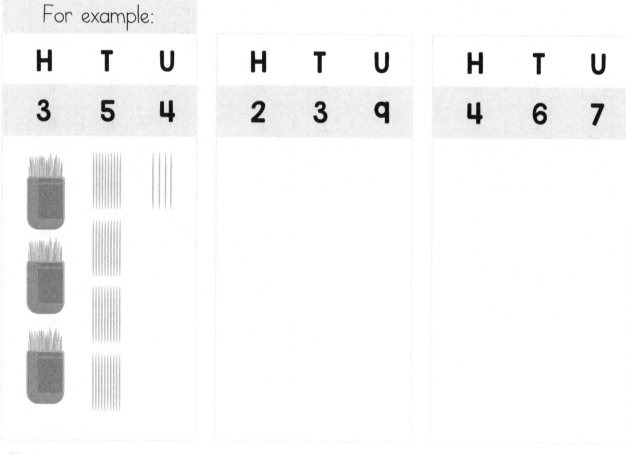

For example:

| H | T | U |
|---|---|---|
| 3 | 5 | 4 |

| H | T | U |
|---|---|---|
| 2 | 3 | 9 |

| H | T | U |
|---|---|---|
| 4 | 6 | 7 |

Take a spare paper and make tables for the following as well:

| 7 | 2 | 6 |
|---|---|---|

| 1 | 9 | 0 |
|---|---|---|

| 8 | 8 | 8 |
|---|---|---|

Have you enjoyed the activity? ☐

# Chapter # 2

# ADDITION WITH REGROUPING

Regrouping refers to the process of making groups of tens when adding numbers with more than two digits.

It is also often referred to as carrying or borrowing numbers.

Date: ________________ Remarks: ________________

# PRACTICE TIME

1

| | H | T | O |
|---|---|---|---|
| | 7 | 5 | 9 |
| + | 3 | 2 | 7 |

2

| | H | T | O |
|---|---|---|---|
| | 7 | 5 | 8 |
| + | 2 | 1 | 5 |

3

| | H | T | O |
|---|---|---|---|
| | 4 | 7 | 4 |
| + | 4 | 1 | 9 |

4

| | H | T | O |
|---|---|---|---|
| | 7 | 5 | 3 |
| + | 1 | 2 | 9 |

5

| | H | T | O |
|---|---|---|---|
| | 3 | 5 | 9 |
| + | 2 | 1 | 5 |

6

| | H | T | O |
|---|---|---|---|
| | 7 | 5 | 8 |
| + | 3 | 1 | 6 |

7

| | H | T | O |
|---|---|---|---|
| | 7 | 5 | 6 |
| + | 2 | 0 | 5 |

8

| | H | T | O |
|---|---|---|---|
| | 2 | 0 | 8 |
| + | 7 | 0 | 7 |

9

| | H | T | O |
|---|---|---|---|
| | 9 | 5 | 7 |
| + | 2 | 1 | 5 |

10

| | H | T | O |
|---|---|---|---|
| | 8 | 6 | 7 |
| + | 1 | 0 | 8 |

11

| | H | T | O |
|---|---|---|---|
| | 1 | 6 | 5 |
| + | 8 | 3 | 5 |

12

| | H | T | O |
|---|---|---|---|
| | 8 | 6 | 3 |
| + | 1 | 2 | 7 |

Date: ____________ Remarks: ____________

# PRACTICE TIME

1

| | H | T | O |
|---|---|---|---|
| | 7 | 5 | 8 |
| + | 3 | 7 | 7 |

2

| | H | T | O |
|---|---|---|---|
| | 7 | 5 | 7 |
| + | 5 | 1 | 5 |

3

| | H | T | O |
|---|---|---|---|
| | 4 | 7 | 5 |
| + | 4 | 6 | 9 |

4

| | H | T | O |
|---|---|---|---|
| | 7 | 5 | 5 |
| + | 1 | 3 | 9 |

5

| | H | T | O |
|---|---|---|---|
| | 3 | 5 | 8 |
| + | 2 | 5 | 5 |

6

| | H | T | O |
|---|---|---|---|
| | 7 | 5 | 9 |
| + | 3 | 8 | 6 |

7

| | H | T | O |
|---|---|---|---|
| | 7 | 5 | 7 |
| + | 9 | 5 | 4 |

8

| | H | T | O |
|---|---|---|---|
| | 2 | 5 | 6 |
| + | 9 | 0 | 7 |

9

| | H | T | O |
|---|---|---|---|
| | 9 | 5 | 9 |
| + | 2 | 4 | 5 |

10

| | H | T | O |
|---|---|---|---|
| | 8 | 6 | 7 |
| + | 5 | 3 | 6 |

11

| | H | T | O |
|---|---|---|---|
| | 4 | 6 | 5 |
| + | 8 | 3 | 5 |

12

| | H | T | O |
|---|---|---|---|
| | 8 | 6 | 3 |
| + | 6 | 2 | 5 |

Date: ____________ Remarks: ____________

# PRACTICE TIME

1.

| | H | T | O |
|---|---|---|---|
| | 8 | 7 | 2 |
| + | 3 | 1 | 9 |

2.

| | H | T | O |
|---|---|---|---|
| | 8 | 6 | 2 |
| + | 2 | 1 | 9 |

3.

| | H | T | O |
|---|---|---|---|
| | 8 | 7 | 2 |
| + | 4 | 1 | 9 |

4.

| | H | T | O |
|---|---|---|---|
| | 8 | 7 | 0 |
| + | 3 | 2 | 9 |

5.

| | H | T | O |
|---|---|---|---|
| | 8 | 2 | 2 |
| + | 3 | 1 | 9 |

6.

| | H | T | O |
|---|---|---|---|
| | 8 | 6 | 2 |
| + | 1 | 1 | 9 |

7.

| | H | T | O |
|---|---|---|---|
| | 8 | 2 | 0 |
| + | 5 | 5 | 9 |

8.

| | H | T | O |
|---|---|---|---|
| | 8 | 7 | 5 |
| + | 3 | 0 | 9 |

9.

| | H | T | O |
|---|---|---|---|
| | 8 | 7 | 9 |
| + | 5 | 1 | 9 |

10.

| | H | T | O |
|---|---|---|---|
| | 8 | 6 | 7 |
| + | 2 | 3 | 9 |

11.

| | H | T | O |
|---|---|---|---|
| | 8 | 3 | 1 |
| + | 1 | 0 | 9 |

12.

| | H | T | O |
|---|---|---|---|
| | 8 | 0 | 7 |
| + | 3 | 2 | 9 |

# PRACTICE TIME

| | | | | | | | | | | | |
|---|---|---|---|---|---|---|---|---|---|---|---|
| 1 | H | T | O | 2 | H | T | O | 3 | H | T | O |
| | 9 | 7 | 1 | | 9 | 6 | 2 | | 9 | 2 | 2 |
| + | 4 | 5 | 7 | + | 4 | 1 | 7 | + | 4 | 2 | 7 |
| | | | | | | | | | | | |
| 4 | H | T | O | 5 | H | T | O | 6 | H | T | O |
| | 9 | 7 | 0 | | 9 | 6 | 3 | | 9 | 4 | 2 |
| + | 4 | 2 | 7 | + | 5 | 3 | 7 | + | 2 | 1 | 7 |
| | | | | | | | | | | | |
| 7 | H | T | O | 8 | H | T | O | 9 | H | T | O |
| | 9 | 2 | 7 | | 9 | 7 | 0 | | 9 | 5 | 9 |
| + | 3 | 5 | 7 | + | 2 | 1 | 7 | + | 7 | 0 | 7 |
| | | | | | | | | | | | |
| 10 | H | T | O | 11 | H | T | O | 12 | H | T | O |
| | 9 | 6 | 7 | | 7 | 3 | 2 | | 9 | 0 | 9 |
| + | 1 | 3 | 7 | + | 2 | 1 | 2 | + | 4 | 2 | 7 |
| | | | | | | | | | | | |

# PRACTICE TIME

1.

| | H | T | O |
|---|---|---|---|
| | 9 | 7 | 2 |
| + | 1 | 2 | 8 |
| | | | |

2.

| | H | T | O |
|---|---|---|---|
| | 4 | 7 | 3 |
| + | 8 | 2 | 9 |
| | | | |

3.

| | H | T | O |
|---|---|---|---|
| | 4 | 7 | 4 |
| + | 1 | 6 | 7 |
| | | | |

4.

| | H | T | O |
|---|---|---|---|
| | 4 | 7 | 5 |
| + | 7 | 2 | 6 |
| | | | |

5.

| | H | T | O |
|---|---|---|---|
| | 4 | 7 | 6 |
| + | 8 | 1 | 6 |
| | | | |

6.

| | H | T | O |
|---|---|---|---|
| | 4 | 7 | 7 |
| + | 9 | 2 | 7 |
| | | | |

7.

| | H | T | O |
|---|---|---|---|
| | 4 | 7 | 8 |
| + | 9 | 0 | 6 |
| | | | |

8.

| | H | T | O |
|---|---|---|---|
| | 4 | 7 | 9 |
| + | 7 | 1 | 4 |
| | | | |

9.

| | H | T | O |
|---|---|---|---|
| | 7 | 8 | 1 |
| + | 5 | 1 | 9 |
| | | | |

10.

| | H | T | O |
|---|---|---|---|
| | 4 | 8 | 7 |
| + | 5 | 3 | 4 |
| | | | |

11.

| | H | T | O |
|---|---|---|---|
| | 4 | 8 | 7 |
| + | 6 | 0 | 5 |
| | | | |

12.

| | H | T | O |
|---|---|---|---|
| | 4 | 8 | 7 |
| + | 7 | 1 | 5 |
| | | | |

# PRACTICE TIME

**1**

| | H | T | O |
|---|---|---|---|
| | 9 | 7 | 5 |
| + | 1 | 2 | 8 |

**2**

| | H | T | O |
|---|---|---|---|
| | 4 | 7 | 5 |
| + | 8 | 2 | 9 |

**3**

| | H | T | O |
|---|---|---|---|
| | 4 | 7 | 5 |
| + | 1 | 6 | 7 |

**4**

| | H | T | O |
|---|---|---|---|
| | 4 | 7 | 5 |
| + | 7 | 2 | 7 |

**5**

| | H | T | O |
|---|---|---|---|
| | 4 | 7 | 5 |
| + | 8 | 1 | 6 |

**6**

| | H | T | O |
|---|---|---|---|
| | 4 | 7 | 5 |
| + | 9 | 2 | 7 |

**7**

| | H | T | O |
|---|---|---|---|
| | 4 | 7 | 5 |
| + | 9 | 0 | 6 |

**8**

| | H | T | O |
|---|---|---|---|
| | 4 | 7 | 5 |
| + | 7 | 1 | 4 |

**9**

| | H | T | O |
|---|---|---|---|
| | 7 | 8 | 5 |
| + | 5 | 1 | 9 |

**10**

| | H | T | O |
|---|---|---|---|
| | 4 | 8 | 5 |
| + | 5 | 3 | 4 |

**11**

| | H | T | O |
|---|---|---|---|
| | 4 | 8 | 5 |
| + | 6 | 0 | 5 |

**12**

| | H | T | O |
|---|---|---|---|
| | 4 | 8 | 5 |
| + | 7 | 1 | 5 |

# PRACTICE TIME

**1**

| | H | T | O |
|---|---|---|---|
| | 2 | 5 | 1 |
| + | 3 | 9 | 0 |

**2**

| | H | T | O |
|---|---|---|---|
| | 2 | 5 | 2 |
| + | 2 | 7 | 0 |

**3**

| | H | T | O |
|---|---|---|---|
| | 2 | 5 | 3 |
| + | 4 | 8 | 1 |

**4**

| | H | T | O |
|---|---|---|---|
| | 2 | 5 | 4 |
| + | 3 | 8 | 0 |

**5**

| | H | T | O |
|---|---|---|---|
| | 2 | 5 | 5 |
| + | 3 | 7 | 4 |

**6**

| | H | T | O |
|---|---|---|---|
| | 2 | 5 | 6 |
| + | 1 | 9 | 0 |

**7**

| | H | T | O |
|---|---|---|---|
| | 2 | 5 | 7 |
| + | 5 | 7 | 1 |

**8**

| | H | T | O |
|---|---|---|---|
| | 2 | 5 | 8 |
| + | 3 | 9 | 1 |

**9**

| | H | T | O |
|---|---|---|---|
| | 2 | 5 | 9 |
| + | 5 | 8 | 0 |

**10**

| | H | T | O |
|---|---|---|---|
| | 2 | 6 | 0 |
| + | 2 | 7 | 1 |

**11**

| | H | T | O |
|---|---|---|---|
| | 2 | 6 | 1 |
| + | 2 | 9 | 5 |

**12**

| | H | T | O |
|---|---|---|---|
| | 2 | 6 | 2 |
| + | 3 | 6 | 1 |

# PRACTICE TIME

1)

| | H | T | O |
|---|---|---|---|
| | 2 | 4 | 1 |
| + | 4 | 0 | 9 |
| | | | |

2)

| | H | T | O |
|---|---|---|---|
| | 2 | 4 | 2 |
| + | 4 | 1 | 8 |
| | | | |

3)

| | H | T | O |
|---|---|---|---|
| | 2 | 4 | 3 |
| + | 4 | 2 | 8 |
| | | | |

4)

| | H | T | O |
|---|---|---|---|
| | 2 | 4 | 4 |
| + | 7 | 2 | 8 |
| | | | |

5)

| | H | T | O |
|---|---|---|---|
| | 2 | 4 | 5 |
| + | 6 | 2 | 8 |
| | | | |

6)

| | H | T | O |
|---|---|---|---|
| | 2 | 4 | 6 |
| + | 4 | 1 | 8 |
| | | | |

7)

| | H | T | O |
|---|---|---|---|
| | 2 | 4 | 7 |
| + | 4 | 4 | 8 |
| | | | |

8)

| | H | T | O |
|---|---|---|---|
| | 2 | 4 | 8 |
| + | 7 | 3 | 8 |
| | | | |

9)

| | H | T | O |
|---|---|---|---|
| | 2 | 4 | 9 |
| + | 7 | 2 | 8 |
| | | | |

10)

| | H | T | O |
|---|---|---|---|
| | 2 | 4 | 0 |
| + | 5 | 5 | 8 |
| | | | |

11)

| | H | T | O |
|---|---|---|---|
| | 2 | 4 | 1 |
| + | 7 | 2 | 8 |
| | | | |

12)

| | H | T | O |
|---|---|---|---|
| | 2 | 4 | 2 |
| + | 6 | 1 | 8 |
| | | | |

# PRACTICE TIME

| | H | T | O |
|---|---|---|---|
| 1 | | | |
| | 8 | 7 | 2 |
| + | 3 | 9 | 9 |

| | H | T | O |
|---|---|---|---|
| 2 | | | |
| | 8 | 6 | 2 |
| + | 2 | 9 | 9 |

| | H | T | O |
|---|---|---|---|
| 3 | | | |
| | 8 | 7 | 2 |
| + | 4 | 9 | 9 |

| | H | T | O |
|---|---|---|---|
| 4 | | | |
| | 8 | 7 | 0 |
| + | 3 | 9 | 9 |

| | H | T | O |
|---|---|---|---|
| 5 | | | |
| | 8 | 2 | 2 |
| + | 3 | 9 | 9 |

| | H | T | O |
|---|---|---|---|
| 6 | | | |
| | 8 | 6 | 2 |
| + | 1 | 9 | 9 |

| | H | T | O |
|---|---|---|---|
| 7 | | | |
| | 8 | 2 | 0 |
| + | 5 | 9 | 9 |

| | H | T | O |
|---|---|---|---|
| 8 | | | |
| | 8 | 7 | 5 |
| + | 3 | 9 | 9 |

| | H | T | O |
|---|---|---|---|
| 9 | | | |
| | 8 | 7 | 9 |
| + | 5 | 9 | 9 |

| | H | T | O |
|---|---|---|---|
| 10 | | | |
| | 8 | 6 | 7 |
| + | 2 | 9 | 9 |

| | H | T | O |
|---|---|---|---|
| 11 | | | |
| | 8 | 3 | 1 |
| + | 1 | 9 | 9 |

| | H | T | O |
|---|---|---|---|
| 12 | | | |
| | 8 | 0 | 7 |
| + | 3 | 9 | 9 |

# PRACTICE TIME

1.

| | H | T | O |
|---|---|---|---|
| | 8 | 7 | 7 |
| + | 7 | 7 | 5 |
| | | | |

2.

| | H | T | O |
|---|---|---|---|
| | 8 | 7 | 7 |
| + | 8 | 9 | 9 |
| | | | |

3.

| | H | T | O |
|---|---|---|---|
| | 8 | 8 | 7 |
| + | 4 | 9 | 9 |
| | | | |

4.

| | H | T | O |
|---|---|---|---|
| | 8 | 7 | 7 |
| + | 8 | 9 | 9 |
| | | | |

5.

| | H | T | O |
|---|---|---|---|
| | 8 | 7 | 2 |
| + | 7 | 9 | 9 |
| | | | |

6.

| | H | T | O |
|---|---|---|---|
| | 8 | 7 | 2 |
| + | 8 | 9 | 9 |
| | | | |

7.

| | H | T | O |
|---|---|---|---|
| | 8 | 9 | 0 |
| + | 5 | 9 | 9 |
| | | | |

8.

| | H | T | O |
|---|---|---|---|
| | 8 | 9 | 5 |
| + | 3 | 9 | 9 |
| | | | |

9.

| | H | T | O |
|---|---|---|---|
| | 8 | 9 | 9 |
| + | 5 | 9 | 9 |
| | | | |

10.

| | H | T | O |
|---|---|---|---|
| | 8 | 4 | 7 |
| + | 2 | 9 | 9 |
| | | | |

11.

| | H | T | O |
|---|---|---|---|
| | 8 | 8 | 1 |
| + | 1 | 8 | 8 |
| | | | |

12.

| | H | T | O |
|---|---|---|---|
| | 8 | 9 | 5 |
| + | 3 | 9 | 9 |
| | | | |

# Exercise

**1.** Joan has 559 candies. Her sister gave her 449 candies. How many candies did Joan have now altogether?

**2.** Mr. Mark's one day salary is $667 while the daily salary of Harry is $889. What is the total of their salaries?

**3.** If one box of popcorn has exactly 435 popcorns and the second box has 467 popcorns, what is the total number of popcorns?

Have you enjoyed the activity?

Date: ____________ Remarks: ____________

# PRACTICE TIME

| | 1 | | | | 2 | | | | 3 | | | |
|---|---|---|---|---|---|---|---|---|---|---|---|---|
| | | H | T | O | | H | T | O | | H | T | O |
| | | 7 | 5 | 9 | | 7 | 5 | 7 | | 4 | 7 | 5 |
| | + | 6 | 2 | 0 | + | 7 | 1 | 5 | + | 7 | 1 | 9 |

| | 4 | | | | 5 | | | | 6 | | | |
|---|---|---|---|---|---|---|---|---|---|---|---|---|
| | | H | T | O | | H | T | O | | H | T | O |
| | | 7 | 5 | 4 | | 3 | 5 | 6 | | 7 | 5 | 9 |
| | + | 7 | 2 | 9 | + | 7 | 1 | 5 | + | 7 | 1 | 6 |

| | 7 | | | | 8 | | | | 9 | | | |
|---|---|---|---|---|---|---|---|---|---|---|---|---|
| | | H | T | O | | H | T | O | | H | T | O |
| | | 7 | 5 | 9 | | 2 | 0 | 7 | | 9 | 5 | 6 |
| | + | 7 | 0 | 5 | + | 8 | 0 | 7 | + | 7 | 1 | 5 |

| | 10 | | | | 11 | | | | 12 | | | |
|---|---|---|---|---|---|---|---|---|---|---|---|---|
| | | H | T | O | | H | T | O | | H | T | O |
| | | 8 | 6 | 8 | | 1 | 6 | 8 | | 8 | 6 | 6 |
| | + | 7 | 0 | 8 | + | 7 | 3 | 5 | + | 7 | 2 | 7 |

# PRACTICE TIME

1.

| | H | T | O |
|---|---|---|---|
| | 8 | 0 | 9 |
| + | 6 | 2 | 0 |
| | | | |

2.

| | H | T | O |
|---|---|---|---|
| | 8 | 5 | 7 |
| + | 7 | 0 | 5 |
| | | | |

3.

| | H | T | O |
|---|---|---|---|
| | 8 | 7 | 5 |
| + | 7 | 9 | 9 |
| | | | |

4.

| | H | T | O |
|---|---|---|---|
| | 3 | 5 | 4 |
| + | 7 | 8 | 9 |
| | | | |

5.

| | H | T | O |
|---|---|---|---|
| | 5 | 5 | 6 |
| + | 7 | 8 | 5 |
| | | | |

6.

| | H | T | O |
|---|---|---|---|
| | 8 | 5 | 9 |
| + | 7 | 8 | 6 |
| | | | |

7.

| | H | T | O |
|---|---|---|---|
| | 6 | 5 | 9 |
| + | 7 | 8 | 5 |
| | | | |

8.

| | H | T | O |
|---|---|---|---|
| | 9 | 0 | 7 |
| + | 8 | 0 | 8 |
| | | | |

9.

| | H | T | O |
|---|---|---|---|
| | 7 | 5 | 6 |
| + | 7 | 8 | 8 |
| | | | |

10.

| | H | T | O |
|---|---|---|---|
| | 5 | 6 | 8 |
| + | 7 | 8 | 8 |
| | | | |

11.

| | H | T | O |
|---|---|---|---|
| | 8 | 6 | 8 |
| + | 7 | 8 | 5 |
| | | | |

12.

| | H | T | O |
|---|---|---|---|
| | 4 | 6 | 6 |
| + | 7 | 8 | 7 |
| | | | |

Date: ____________ Remarks: ____________

# PRACTICE TIME

| 1 | | | | 2 | | | | 3 | | | |
|---|---|---|---|---|---|---|---|---|---|---|---|
| | H | T | O | | H | T | O | | H | T | O |
| | 9 | 7 | 5 | | 4 | 7 | 5 | | 4 | 7 | 9 |
| + | 9 | 0 | 8 | + | 9 | 0 | 9 | + | 9 | 1 | 0 |
| | | | | | | | | | | | |

| 4 | | | | 5 | | | | 6 | | | |
|---|---|---|---|---|---|---|---|---|---|---|---|
| | H | T | O | | H | T | O | | H | T | O |
| | 4 | 7 | 5 | | 4 | 7 | 5 | | 4 | 7 | 5 |
| + | 9 | 1 | 7 | + | 9 | 0 | 6 | + | 9 | 0 | 7 |
| | | | | | | | | | | | |

| 7 | | | | 8 | | | | 9 | | | |
|---|---|---|---|---|---|---|---|---|---|---|---|
| | H | T | O | | H | T | O | | H | T | O |
| | 4 | 0 | 5 | | 4 | 7 | 5 | | 7 | 8 | 5 |
| + | 9 | 0 | 6 | + | 9 | 0 | 4 | + | 9 | 0 | 9 |
| | | | | | | | | | | | |

| 10 | | | | 11 | | | | 12 | | | |
|---|---|---|---|---|---|---|---|---|---|---|---|
| | H | T | O | | H | T | O | | H | T | O |
| | 4 | 8 | 5 | | 4 | 8 | 5 | | 9 | 0 | 5 |
| + | 9 | 0 | 4 | + | 9 | 0 | 5 | + | 7 | 1 | 5 |
| | | | | | | | | | | | |

Date: ____________ Remarks: ____________

# PRACTICE TIME

1)

| | H | T | O |
|---|---|---|---|
| | 8 | 7 | 6 |
| + | 3 | 5 | 0 |

2)

| | H | T | O |
|---|---|---|---|
| | 6 | 5 | 5 |
| + | 8 | 6 | 0 |

3)

| | H | T | O |
|---|---|---|---|
| | 8 | 5 | 3 |
| + | 4 | 6 | 1 |

4)

| | H | T | O |
|---|---|---|---|
| | 7 | 5 | 5 |
| + | 2 | 5 | 0 |

5)

| | H | T | O |
|---|---|---|---|
| | 9 | 5 | 6 |
| + | 2 | 5 | 4 |

6)

| | H | T | O |
|---|---|---|---|
| | 6 | 5 | 5 |
| + | 4 | 5 | 0 |

7)

| | H | T | O |
|---|---|---|---|
| | 9 | 5 | 6 |
| + | 4 | 5 | 7 |

8)

| | H | T | O |
|---|---|---|---|
| | 7 | 5 | 5 |
| + | 3 | 6 | 8 |

9)

| | H | T | O |
|---|---|---|---|
| | 8 | 5 | 6 |
| + | 5 | 5 | 9 |

10)

| | H | T | O |
|---|---|---|---|
| | 5 | 6 | 6 |
| + | 1 | 5 | 0 |

11)

| | H | T | O |
|---|---|---|---|
| | 2 | 9 | 6 |
| + | 2 | 5 | 7 |

12)

| | H | T | O |
|---|---|---|---|
| | 2 | 6 | 6 |
| + | 3 | 5 | 1 |

# PRACTICE TIME

1)
| | H | T | O |
|---|---|---|---|
| | 8 | 7 | 1 |
| + | 3 | 1 | 0 |

2)
| | H | T | O |
|---|---|---|---|
| | 6 | 5 | 2 |
| + | 8 | 8 | 0 |

3)
| | H | T | O |
|---|---|---|---|
| | 8 | 5 | 3 |
| + | 4 | 9 | 1 |

4)
| | H | T | O |
|---|---|---|---|
| | 7 | 5 | 4 |
| + | 2 | 6 | 0 |

5)
| | H | T | O |
|---|---|---|---|
| | 9 | 5 | 5 |
| + | 2 | 9 | 4 |

6)
| | H | T | O |
|---|---|---|---|
| | 6 | 5 | 6 |
| + | 4 | 9 | 0 |

7)
| | H | T | O |
|---|---|---|---|
| | 9 | 5 | 7 |
| + | 4 | 0 | 7 |

8)
| | H | T | O |
|---|---|---|---|
| | 7 | 5 | 8 |
| + | 3 | 8 | 8 |

9)
| | H | T | O |
|---|---|---|---|
| | 8 | 5 | 1 |
| + | 5 | 7 | 9 |

10)
| | H | T | O |
|---|---|---|---|
| | 5 | 6 | 8 |
| + | 1 | 9 | 0 |

11)
| | H | T | O |
|---|---|---|---|
| | 2 | 9 | 1 |
| + | 2 | 3 | 7 |

12)
| | H | T | O |
|---|---|---|---|
| | 2 | 6 | 9 |
| + | 3 | 9 | 1 |

# PRACTICE TIME

1)

| | H | T | O |
|---|---|---|---|
| | 9 | 9 | 9 |
| + | 3 | 1 | 0 |

2)

| | H | T | O |
|---|---|---|---|
| | 6 | 5 | 2 |
| + | 8 | 8 | 8 |

3)

| | H | T | O |
|---|---|---|---|
| | 7 | 7 | 7 |
| + | 4 | 9 | 1 |

4)

| | H | T | O |
|---|---|---|---|
| | 7 | 5 | 4 |
| + | 6 | 6 | 6 |

5)

| | H | T | O |
|---|---|---|---|
| | 5 | 5 | 5 |
| + | 2 | 9 | 4 |

6)

| | H | T | O |
|---|---|---|---|
| | 6 | 9 | 6 |
| + | 3 | 9 | 0 |

7)

| | H | T | O |
|---|---|---|---|
| | 9 | 5 | 7 |
| + | 7 | 8 | 7 |

8)

| | H | T | O |
|---|---|---|---|
| | 7 | 5 | 8 |
| + | 8 | 8 | 8 |

9)

| | H | T | O |
|---|---|---|---|
| | 8 | 5 | 9 |
| + | 4 | 4 | 4 |

10)

| | H | T | O |
|---|---|---|---|
| | 5 | 6 | 8 |
| + | 5 | 9 | 9 |

11)

| | H | T | O |
|---|---|---|---|
| | 3 | 3 | 3 |
| + | 2 | 3 | 9 |

12)

| | H | T | O |
|---|---|---|---|
| | 2 | 6 | 9 |
| + | 2 | 2 | 2 |

# PRACTICE TIME

| 1 | H | T | O |
| --- | --- | --- | --- |
| | 9 | 0 | 0 |
| + | 1 | 1 | 0 |
| | | | |

| 2 | H | T | O |
| --- | --- | --- | --- |
| | 6 | 0 | 0 |
| + | 8 | 8 | 8 |
| | | | |

| 3 | H | T | O |
| --- | --- | --- | --- |
| | 7 | 0 | 7 |
| + | 4 | 9 | 1 |
| | | | |

| 4 | H | T | O |
| --- | --- | --- | --- |
| | 7 | 0 | 0 |
| + | 9 | 6 | 6 |
| | | | |

| 5 | H | T | O |
| --- | --- | --- | --- |
| | 5 | 0 | 5 |
| + | 2 | 9 | 0 |
| | | | |

| 6 | H | T | O |
| --- | --- | --- | --- |
| | 6 | 0 | 0 |
| + | 3 | 9 | 0 |
| | | | |

| 7 | H | T | O |
| --- | --- | --- | --- |
| | 9 | 0 | 0 |
| + | 7 | 0 | 7 |
| | | | |

| 8 | H | T | O |
| --- | --- | --- | --- |
| | 7 | 0 | 8 |
| + | 9 | 8 | 8 |
| | | | |

| 9 | H | T | O |
| --- | --- | --- | --- |
| | 8 | 0 | 9 |
| + | 5 | 4 | 4 |
| | | | |

| 10 | H | T | O |
| --- | --- | --- | --- |
| | 5 | 9 | 8 |
| + | 5 | 0 | 0 |
| | | | |

| 11 | H | T | O |
| --- | --- | --- | --- |
| | 3 | 0 | 3 |
| + | 9 | 3 | 9 |
| | | | |

| 12 | H | T | O |
| --- | --- | --- | --- |
| | 2 | 6 | 9 |
| + | 8 | 2 | 2 |
| | | | |

Date: ____________________ Remarks: ____________________

# PRACTICE TIME

1.

| H | T | O |
|---|---|---|
| 6 | 6 | 7 |
| + 8 | 6 | 7 |

2.

| H | T | O |
|---|---|---|
| 8 | 8 | 9 |
| + 8 | 6 | 8 |

3.

| H | T | O |
|---|---|---|
| 4 | 4 | 9 |
| + 8 | 9 | 8 |

4.

| H | T | O |
|---|---|---|
| 9 | 8 | 7 |
| + 5 | 5 | 9 |

5.

| H | T | O |
|---|---|---|
| 9 | 6 | 8 |
| + 2 | 6 | 5 |

6.

| H | T | O |
|---|---|---|
| 8 | 7 | 9 |
| + 5 | 9 | 7 |

7.

| H | T | O |
|---|---|---|
| 9 | 0 | 9 |
| + 7 | 6 | 7 |

8.

| H | T | O |
|---|---|---|
| 9 | 8 | 7 |
| + 9 | 7 | 8 |

9.

| H | T | O |
|---|---|---|
| 9 | 9 | 7 |
| + 5 | 9 | 8 |

10.

| H | T | O |
|---|---|---|
| 9 | 5 | 7 |
| + 5 | 7 | 6 |

11.

| H | T | O |
|---|---|---|
| 3 | 3 | 7 |
| + 7 | 7 | 9 |

12.

| H | T | O |
|---|---|---|
| 9 | 9 | 3 |
| + 8 | 5 | 8 |

# PRACTICE TIME

1.

| | H | T | O |
|---|---|---|---|
| | 7 | 5 | 9 |
| + | 3 | 2 | 7 |
| | | | |

2.

| | H | T | O |
|---|---|---|---|
| | 7 | 5 | 8 |
| + | 2 | 1 | 5 |
| | | | |

3.

| | H | T | O |
|---|---|---|---|
| | 4 | 7 | 4 |
| + | 4 | 1 | 9 |
| | | | |

4.

| | H | T | O |
|---|---|---|---|
| | 7 | 5 | 3 |
| + | 1 | 2 | 9 |
| | | | |

5.

| | H | T | O |
|---|---|---|---|
| | 3 | 5 | 9 |
| + | 2 | 1 | 5 |
| | | | |

6.

| | H | T | O |
|---|---|---|---|
| | 7 | 5 | 8 |
| + | 3 | 1 | 6 |
| | | | |

7.

| | H | T | O |
|---|---|---|---|
| | 7 | 5 | 6 |
| + | 2 | 0 | 5 |
| | | | |

8.

| | H | T | O |
|---|---|---|---|
| | 2 | 0 | 8 |
| + | 7 | 0 | 7 |
| | | | |

9.

| | H | T | O |
|---|---|---|---|
| | 9 | 5 | 7 |
| + | 2 | 1 | 5 |
| | | | |

10.

| | H | T | O |
|---|---|---|---|
| | 8 | 6 | 7 |
| + | 1 | 0 | 8 |
| | | | |

11.

| | H | T | O |
|---|---|---|---|
| | 1 | 6 | 5 |
| + | 8 | 3 | 5 |
| | | | |

12.

| | H | T | O |
|---|---|---|---|
| | 8 | 6 | 3 |
| + | 1 | 2 | 7 |
| | | | |

Date: ____________________ Remarks: ____________________

# PRACTICE TIME

1)
| | H | T | O |
|---|---|---|---|
| | 8 | 5 | 9 |
| + | 6 | 2 | 7 |

2)
| | H | T | O |
|---|---|---|---|
| | 9 | 5 | 8 |
| + | 3 | 1 | 5 |

3)
| | H | T | O |
|---|---|---|---|
| | 8 | 7 | 4 |
| + | 2 | 1 | 9 |

4)
| | H | T | O |
|---|---|---|---|
| | 7 | 5 | 3 |
| + | 4 | 2 | 9 |

5)
| | H | T | O |
|---|---|---|---|
| | 6 | 5 | 9 |
| + | 4 | 1 | 5 |

6)
| | H | T | O |
|---|---|---|---|
| | 6 | 5 | 8 |
| + | 4 | 1 | 6 |

7)
| | H | T | O |
|---|---|---|---|
| | 8 | 5 | 6 |
| + | 5 | 0 | 5 |

8)
| | H | T | O |
|---|---|---|---|
| | 7 | 0 | 8 |
| + | 2 | 0 | 7 |

9)
| | H | T | O |
|---|---|---|---|
| | 8 | 5 | 7 |
| + | 3 | 1 | 5 |

10)
| | H | T | O |
|---|---|---|---|
| | 7 | 6 | 7 |
| + | 3 | 0 | 8 |

11)
| | H | T | O |
|---|---|---|---|
| | 9 | 6 | 5 |
| + | 3 | 3 | 5 |

12)
| | H | T | O |
|---|---|---|---|
| | 8 | 6 | 4 |
| + | 5 | 2 | 7 |

# Assessment

| | | |
|---|---|---|
| **1.** | Levi had 144 ribbons. Shane gave him 180 more. How many ribbons does Levi have now? | |
| **2.** | Hope had 419 pencils. Greg gave her 260 more. How many pencils does Hope have now? | |
| **3.** | There were 337 ants in the garden. 650 more ants crawled in. How many ants are in the garden now? | |
| **4.** | Fern had 150 sweets. Dawn gave her 345 more. How many sweets does Fern have now? | |
| **5.** | Nico had 246 crayons. Walker gave him 100 more. How many crayons does Nico have now? | |
| **6.** | Zach had 599 books. Gail gave him 235 more. How many books does Zach have now? | |
| **7.** | There were 591 caterpillars in the garden. 312 more caterpillars crawled in. How many caterpillars are in the garden now? | |

Marks :

# Chapter # 3

# SUBTRACTION WITHOUT CARRYING

Subtraction is an action of removing objects from a collection or simply taking a number from the other number.

Like  355 - 345 = 10

The result of a subtraction is called a 'Difference'.

Subtraction is represented by the Minus  "−" sign.

# Fun Time!

Color in and Write the answer in numbers too.

Solve the following for as

| Hundred H | Tens T | Units U |
|---|---|---|
| 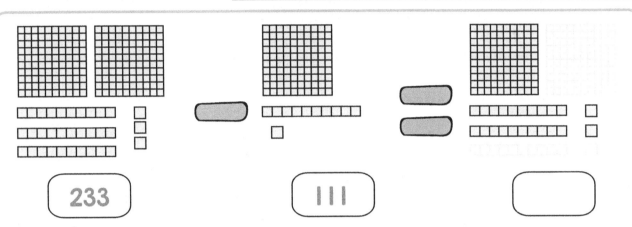 | | |

233     III

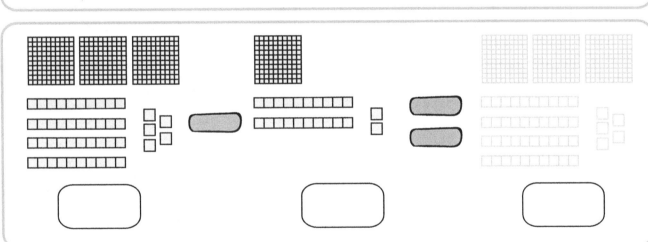

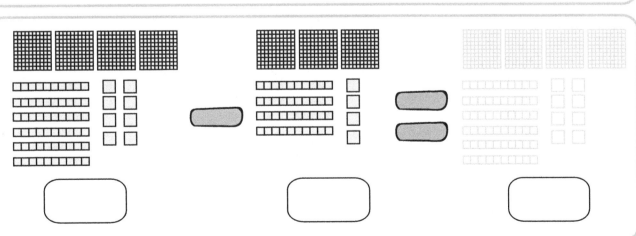

# PRACTICE TIME

1)

| | H | T | O |
|---|---|---|---|
| | 3 | 7 | 2 |
| - | 1 | 1 | 0 |

2)

| | H | T | O |
|---|---|---|---|
| | 2 | 6 | 2 |
| - | 1 | 1 | 0 |

3)

| | H | T | O |
|---|---|---|---|
| | 5 | 7 | 2 |
| - | 4 | 1 | 1 |

4)

| | H | T | O |
|---|---|---|---|
| | 3 | 7 | 0 |
| - | 3 | 2 | 0 |

5)

| | H | T | O |
|---|---|---|---|
| | 5 | 2 | 5 |
| - | 3 | 1 | 2 |

6)

| | H | T | O |
|---|---|---|---|
| | 8 | 6 | 2 |
| - | 1 | 1 | 0 |

7)

| | H | T | O |
|---|---|---|---|
| | 5 | 5 | 1 |
| - | 1 | 2 | 0 |

8)

| | H | T | O |
|---|---|---|---|
| | 3 | 7 | 5 |
| - | 2 | 0 | 4 |

9)

| | H | T | O |
|---|---|---|---|
| | 5 | 7 | 9 |
| - | 1 | 1 | 0 |

10)

| | H | T | O |
|---|---|---|---|
| | 7 | 6 | 7 |
| - | 2 | 3 | 1 |

11)

| | H | T | O |
|---|---|---|---|
| | 8 | 3 | 1 |
| - | 1 | 0 | 1 |

12)

| | H | T | O |
|---|---|---|---|
| | 5 | 2 | 7 |
| - | 3 | 0 | 1 |

Date: ____________________ Remarks: ____________________

# PRACTICE TIME

1)

| | H | T | O |
|---|---|---|---|
| | 4 | 7 | 1 |
| - | 2 | 1 | 0 |

2)

| | H | T | O |
|---|---|---|---|
| | 4 | 6 | 2 |
| - | 2 | 1 | 1 |

3)

| | H | T | O |
|---|---|---|---|
| | 4 | 2 | 5 |
| - | 2 | 2 | 5 |

4)

| | H | T | O |
|---|---|---|---|
| | 5 | 7 | 0 |
| - | 4 | 2 | 0 |

5)

| | H | T | O |
|---|---|---|---|
| | 5 | 6 | 3 |
| - | 2 | 3 | 2 |

6)

| | H | T | O |
|---|---|---|---|
| | 2 | 4 | 9 |
| - | 1 | 1 | 7 |

7)

| | H | T | O |
|---|---|---|---|
| | 4 | 6 | 7 |
| - | 3 | 5 | 1 |

8)

| | H | T | O |
|---|---|---|---|
| | 7 | 7 | 6 |
| - | 2 | 1 | 5 |

9)

| | H | T | O |
|---|---|---|---|
| | 8 | 5 | 9 |
| - | 7 | 0 | 1 |

10)

| | H | T | O |
|---|---|---|---|
| | 8 | 6 | 7 |
| - | 1 | 3 | 2 |

11)

| | H | T | O |
|---|---|---|---|
| | 7 | 3 | 2 |
| - | 2 | 1 | 2 |

12)

| | H | T | O |
|---|---|---|---|
| | 4 | 3 | 9 |
| - | 1 | 2 | 0 |

# PRACTICE TIME

1)

| | H | T | O |
|---|---|---|---|
| | 8 | 9 | 2 |
| - | 3 | 4 | 1 |

2)

| | H | T | O |
|---|---|---|---|
| | 6 | 5 | 4 |
| - | 3 | 4 | 2 |

3)

| | H | T | O |
|---|---|---|---|
| | 3 | 4 | 6 |
| - | 2 | 1 | 3 |

4)

| | H | T | O |
|---|---|---|---|
| | 4 | 5 | 8 |
| - | 3 | 4 | 0 |

5)

| | H | T | O |
|---|---|---|---|
| | 6 | 7 | 8 |
| - | 3 | 5 | 5 |

6)

| | H | T | O |
|---|---|---|---|
| | 6 | 5 | 5 |
| - | 3 | 1 | 1 |

7)

| | H | T | O |
|---|---|---|---|
| | 5 | 7 | 4 |
| - | 5 | 1 | 1 |

8)

| | H | T | O |
|---|---|---|---|
| | 2 | 2 | 6 |
| - | 1 | 0 | 4 |

9)

| | H | T | O |
|---|---|---|---|
| | 6 | 6 | 8 |
| - | 3 | 1 | 0 |

10)

| | H | T | O |
|---|---|---|---|
| | 8 | 3 | 2 |
| - | 3 | 3 | 1 |

11)

| | H | T | O |
|---|---|---|---|
| | 8 | 3 | 2 |
| - | 4 | 0 | 1 |

12)

| | H | T | O |
|---|---|---|---|
| | 2 | 3 | 4 |
| - | 1 | 2 | 0 |

# PRACTICE TIME

1)
| | H | T | O |
|---|---|---|---|
| | 3 | 0 | 9 |
| - | 1 | 0 | 3 |
| | | | |

2)
| | H | T | O |
|---|---|---|---|
| | 3 | 2 | 3 |
| - | 3 | 1 | 0 |
| | | | |

3)
| | H | T | O |
|---|---|---|---|
| | 7 | 8 | 5 |
| - | 5 | 1 | 1 |
| | | | |

4)
| | H | T | O |
|---|---|---|---|
| | 3 | 9 | 1 |
| - | 1 | 2 | 1 |
| | | | |

5)
| | H | T | O |
|---|---|---|---|
| | 3 | 9 | 7 |
| - | 3 | 2 | 5 |
| | | | |

6)
| | H | T | O |
|---|---|---|---|
| | 3 | 7 | 1 |
| - | 2 | 6 | 0 |
| | | | |

7)
| | H | T | O |
|---|---|---|---|
| | 8 | 1 | 3 |
| - | 4 | 0 | 1 |
| | | | |

8)
| | H | T | O |
|---|---|---|---|
| | 3 | 9 | 5 |
| - | 3 | 7 | 4 |
| | | | |

9)
| | H | T | O |
|---|---|---|---|
| | 7 | 1 | 7 |
| - | 4 | 1 | 2 |
| | | | |

10)
| | H | T | O |
|---|---|---|---|
| | 3 | 9 | 9 |
| - | 1 | 5 | 0 |
| | | | |

11)
| | H | T | O |
|---|---|---|---|
| | 7 | 8 | 1 |
| - | 5 | 0 | 0 |
| | | | |

12)
| | H | T | O |
|---|---|---|---|
| | 5 | 2 | 3 |
| - | 4 | 2 | 0 |
| | | | |

# PRACTICE TIME

(1)

| | H | T | O |
|---|---|---|---|
| | 4 | 5 | 6 |
| - | 2 | 3 | 5 |

(2)

| | H | T | O |
|---|---|---|---|
| | 4 | 5 | 3 |
| - | 2 | 3 | 0 |

(3)

| | H | T | O |
|---|---|---|---|
| | 4 | 5 | 7 |
| - | 4 | 0 | 1 |

(4)

| | H | T | O |
|---|---|---|---|
| | 4 | 5 | 9 |
| - | 2 | 1 | 0 |

(5)

| | H | T | O |
|---|---|---|---|
| | 4 | 6 | 9 |
| - | 2 | 1 | 7 |

(6)

| | H | T | O |
|---|---|---|---|
| | 7 | 6 | 3 |
| - | 5 | 1 | 2 |

(7)

| | H | T | O |
|---|---|---|---|
| | 9 | 6 | 5 |
| - | 5 | 2 | 1 |

(8)

| | H | T | O |
|---|---|---|---|
| | 4 | 6 | 7 |
| - | 4 | 0 | 3 |

(9)

| | H | T | O |
|---|---|---|---|
| | 9 | 6 | 9 |
| - | 5 | 3 | 0 |

(10)

| | H | T | O |
|---|---|---|---|
| | 4 | 7 | 2 |
| - | 3 | 3 | 2 |

(11)

| | H | T | O |
|---|---|---|---|
| | 4 | 7 | 3 |
| - | 3 | 2 | 1 |

(12)

| | H | T | O |
|---|---|---|---|
| | 4 | 7 | 5 |
| - | 2 | 1 | 2 |

Date: ____________ Remarks: ____________

# PRACTICE TIME

1)

| | H | T | O |
|---|---|---|---|
| | 5 | 8 | 8 |
| - | 3 | 1 | 5 |

2)

| | H | T | O |
|---|---|---|---|
| | 5 | 8 | 4 |
| - | 3 | 1 | 4 |

3)

| | H | T | O |
|---|---|---|---|
| | 5 | 8 | 6 |
| - | 1 | 2 | 2 |

4)

| | H | T | O |
|---|---|---|---|
| | 5 | 8 | 8 |
| - | 4 | 1 | 0 |

5)

| | H | T | O |
|---|---|---|---|
| | 5 | 9 | 8 |
| - | 2 | 0 | 7 |

6)

| | H | T | O |
|---|---|---|---|
| | 5 | 9 | 7 |
| - | 3 | 0 | 6 |

7)

| | H | T | O |
|---|---|---|---|
| | 5 | 9 | 4 |
| - | 4 | 0 | 2 |

8)

| | H | T | O |
|---|---|---|---|
| | 5 | 9 | 6 |
| - | 3 | 0 | 1 |

9)

| | H | T | O |
|---|---|---|---|
| | 5 | 9 | 8 |
| - | 3 | 0 | 0 |

10)

| | H | T | O |
|---|---|---|---|
| | 6 | 9 | 9 |
| - | 3 | 3 | 9 |

11)

| | H | T | O |
|---|---|---|---|
| | 6 | 8 | 5 |
| - | 2 | 2 | 5 |

12)

| | H | T | O |
|---|---|---|---|
| | 6 | 8 | 4 |
| - | 1 | 5 | 2 |

Date: ____________ Remarks: ____________

# PRACTICE TIME

1)
| | H | T | O |
|---|---|---|---|
| | 6 | 4 | 9 |
| - | 1 | 1 | 0 |

2)
| | H | T | O |
|---|---|---|---|
| | 6 | 5 | 2 |
| - | 1 | 1 | 1 |

3)
| | H | T | O |
|---|---|---|---|
| | 6 | 5 | 3 |
| - | 1 | 1 | 2 |

4)
| | H | T | O |
|---|---|---|---|
| | 6 | 5 | 9 |
| - | 1 | 1 | 3 |

5)
| | H | T | O |
|---|---|---|---|
| | 6 | 4 | 8 |
| - | 1 | 1 | 4 |

6)
| | H | T | O |
|---|---|---|---|
| | 6 | 5 | 8 |
| - | 1 | 1 | 5 |

7)
| | H | T | O |
|---|---|---|---|
| | 6 | 5 | 9 |
| - | 1 | 1 | 6 |

8)
| | H | T | O |
|---|---|---|---|
| | 6 | 5 | 7 |
| - | 1 | 1 | 7 |

9)
| | H | T | O |
|---|---|---|---|
| | 6 | 5 | 8 |
| - | 1 | 1 | 8 |

10)
| | H | T | O |
|---|---|---|---|
| | 6 | 5 | 9 |
| - | 1 | 1 | 9 |

11)
| | H | T | O |
|---|---|---|---|
| | 6 | 6 | 0 |
| - | 1 | 2 | 0 |

12)
| | H | T | O |
|---|---|---|---|
| | 6 | 6 | 1 |
| - | 1 | 2 | 1 |

# PRACTICE TIME

1)

| | H | T | O |
|---|---|---|---|
| | 8 | 2 | 2 |
| - | 1 | 1 | 1 |

2)

| | H | T | O |
|---|---|---|---|
| | 8 | 0 | 9 |
| - | 1 | 0 | 2 |

3)

| | H | T | O |
|---|---|---|---|
| | 8 | 7 | 2 |
| - | 1 | 1 | 2 |

4)

| | H | T | O |
|---|---|---|---|
| | 8 | 5 | 3 |
| - | 1 | 1 | 3 |

5)

| | H | T | O |
|---|---|---|---|
| | 8 | 0 | 4 |
| - | 1 | 0 | 4 |

6)

| | H | T | O |
|---|---|---|---|
| | 8 | 2 | 5 |
| - | 1 | 1 | 4 |

7)

| | H | T | O |
|---|---|---|---|
| | 8 | 2 | 6 |
| - | 1 | 1 | 1 |

8)

| | H | T | O |
|---|---|---|---|
| | 8 | 2 | 7 |
| - | 1 | 1 | 2 |

9)

| | H | T | O |
|---|---|---|---|
| | 8 | 0 | 8 |
| - | 1 | 0 | 0 |

10)

| | H | T | O |
|---|---|---|---|
| | 8 | 4 | 9 |
| - | 1 | 3 | 0 |

11)

| | H | T | O |
|---|---|---|---|
| | 8 | 1 | 5 |
| - | 1 | 0 | 1 |

12)

| | H | T | O |
|---|---|---|---|
| | 8 | 3 | 1 |
| - | 1 | 2 | 1 |

# PRACTICE TIME

1)

| | H | T | O |
|---|---|---|---|
| | 4 | 7 | 2 |
| - | 1 | 2 | 0 |
| | | | |

2)

| | H | T | O |
|---|---|---|---|
| | 4 | 7 | 3 |
| - | 1 | 2 | 1 |
| | | | |

3)

| | H | T | O |
|---|---|---|---|
| | 4 | 7 | 4 |
| - | 1 | 2 | 2 |
| | | | |

4)

| | H | T | O |
|---|---|---|---|
| | 4 | 7 | 5 |
| - | 1 | 2 | 3 |
| | | | |

5)

| | H | T | O |
|---|---|---|---|
| | 4 | 7 | 6 |
| - | 1 | 1 | 3 |
| | | | |

6)

| | H | T | O |
|---|---|---|---|
| | 4 | 7 | 7 |
| - | 1 | 2 | 0 |
| | | | |

7)

| | H | T | O |
|---|---|---|---|
| | 4 | 7 | 8 |
| - | 1 | 0 | 0 |
| | | | |

8)

| | H | T | O |
|---|---|---|---|
| | 4 | 7 | 9 |
| - | 2 | 1 | 0 |
| | | | |

9)

| | H | T | O |
|---|---|---|---|
| | 6 | 8 | 0 |
| - | 5 | 1 | 0 |
| | | | |

10)

| | H | T | O |
|---|---|---|---|
| | 4 | 8 | 1 |
| - | 1 | 3 | 1 |
| | | | |

11)

| | H | T | O |
|---|---|---|---|
| | 4 | 8 | 5 |
| - | 1 | 0 | 5 |
| | | | |

12)

| | H | T | O |
|---|---|---|---|
| | 4 | 8 | 5 |
| - | 1 | 1 | 5 |
| | | | |

# PRACTICE TIME

1

| | H | T | O |
|---|---|---|---|
| | 6 | 5 | 1 |
| - | 3 | 1 | 0 |

2

| | H | T | O |
|---|---|---|---|
| | 2 | 5 | 2 |
| - | 2 | 1 | 0 |

3

| | H | T | O |
|---|---|---|---|
| | 5 | 5 | 3 |
| - | 4 | 1 | 1 |

4

| | H | T | O |
|---|---|---|---|
| | 5 | 5 | 4 |
| - | 3 | 2 | 0 |

5

| | H | T | O |
|---|---|---|---|
| | 5 | 5 | 5 |
| - | 3 | 1 | 4 |

6

| | H | T | O |
|---|---|---|---|
| | 2 | 5 | 6 |
| - | 1 | 1 | 0 |

7

| | H | T | O |
|---|---|---|---|
| | 7 | 5 | 7 |
| - | 5 | 5 | 1 |

8

| | H | T | O |
|---|---|---|---|
| | 6 | 5 | 8 |
| - | 3 | 0 | 1 |

9

| | H | T | O |
|---|---|---|---|
| | 6 | 5 | 9 |
| - | 5 | 1 | 0 |

10

| | H | T | O |
|---|---|---|---|
| | 2 | 6 | 5 |
| - | 2 | 3 | 1 |

11

| | H | T | O |
|---|---|---|---|
| | 2 | 6 | 5 |
| - | 2 | 3 | 5 |

12

| | H | T | O |
|---|---|---|---|
| | 8 | 6 | 2 |
| - | 3 | 2 | 1 |

# Let's have some fun!

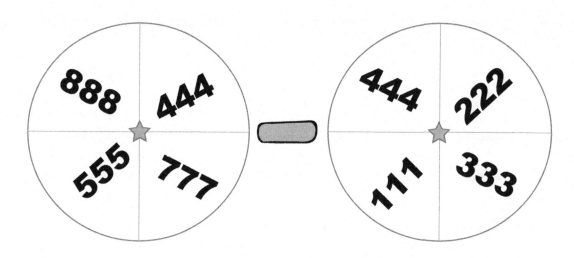

Have Fun with this wheel Activity

## SPIN AND SOLVE

Make this circle on a round paper, you can also use different digit as it's a way of drill in the form of an activity. You can use a pin or pencil to spin this circle. Spin the first circle and write down the number, then spin the second circle and write the number down and now subtract both.

**Let's do this on the next page!**

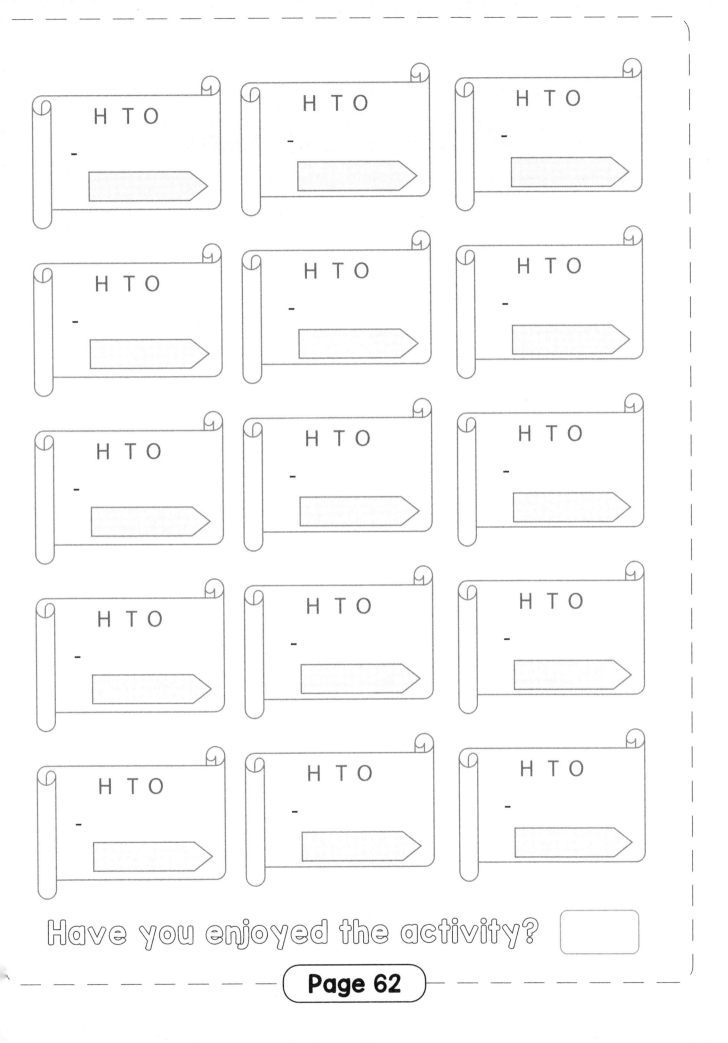

H T O

-

H T O

-

H T O

-

H T O

-

H T O

-

H T O

-

H T O

-

H T O

-

H T O

-

H T O

-

H T O

-

H T O

-

H T O

-

H T O

-

H T O

-

Have you enjoyed the activity?

Date: ____________ Remarks: ____________

# PRACTICE TIME

| 1 | H | T | O |
|---|---|---|---|
| | 2 | 6 | 1 |
| - | 2 | 3 | 0 |
| | | | |

| 2 | H | T | O |
|---|---|---|---|
| | 2 | 5 | 0 |
| - | 2 | 4 | 0 |
| | | | |

| 3 | H | T | O |
|---|---|---|---|
| | 2 | 7 | 3 |
| - | 2 | 5 | 1 |
| | | | |

| 4 | H | T | O |
|---|---|---|---|
| | 3 | 5 | 9 |
| - | 3 | 4 | 0 |
| | | | |

| 5 | H | T | O |
|---|---|---|---|
| | 3 | 5 | 5 |
| - | 2 | 1 | 4 |
| | | | |

| 6 | H | T | O |
|---|---|---|---|
| | 5 | 5 | 6 |
| - | 3 | 1 | 0 |
| | | | |

| 7 | H | T | O |
|---|---|---|---|
| | 8 | 5 | 7 |
| - | 4 | 3 | 0 |
| | | | |

| 8 | H | T | O |
|---|---|---|---|
| | 4 | 5 | 8 |
| - | 2 | 0 | 1 |
| | | | |

| 9 | H | T | O |
|---|---|---|---|
| | 3 | 5 | 9 |
| - | 2 | 1 | 0 |
| | | | |

| 10 | H | T | O |
|---|---|---|---|
| | 7 | 6 | 2 |
| - | 1 | 3 | 1 |
| | | | |

| 11 | H | T | O |
|---|---|---|---|
| | 4 | 3 | 1 |
| - | 2 | 3 | 0 |
| | | | |

| 12 | H | T | O |
|---|---|---|---|
| | 3 | 6 | 7 |
| - | 3 | 3 | 1 |
| | | | |

# PRACTICE TIME

1)
| | H | T | O |
|---|---|---|---|
| | 5 | 5 | 1 |
| - | 3 | 1 | 0 |

2)
| | H | T | O |
|---|---|---|---|
| | 8 | 5 | 2 |
| - | 2 | 1 | 0 |

3)
| | H | T | O |
|---|---|---|---|
| | 8 | 5 | 3 |
| - | 4 | 1 | 1 |

4)
| | H | T | O |
|---|---|---|---|
| | 5 | 5 | 4 |
| - | 3 | 2 | 0 |

5)
| | H | T | O |
|---|---|---|---|
| | 9 | 5 | 5 |
| - | 3 | 1 | 4 |

6)
| | H | T | O |
|---|---|---|---|
| | 1 | 5 | 6 |
| - | 1 | 1 | 0 |

7)
| | H | T | O |
|---|---|---|---|
| | 8 | 5 | 7 |
| - | 5 | 5 | 1 |

8)
| | H | T | O |
|---|---|---|---|
| | 9 | 5 | 8 |
| - | 3 | 0 | 1 |

9)
| | H | T | O |
|---|---|---|---|
| | 8 | 5 | 9 |
| - | 5 | 1 | 0 |

10)
| | H | T | O |
|---|---|---|---|
| | 5 | 6 | 7 |
| - | 2 | 3 | 1 |

11)
| | H | T | O |
|---|---|---|---|
| | 8 | 6 | 7 |
| - | 2 | 3 | 5 |

12)
| | H | T | O |
|---|---|---|---|
| | 6 | 6 | 2 |
| - | 3 | 2 | 1 |

# PRACTICE TIME

1.

| | H | T | O |
|---|---|---|---|
| | 5 | 6 | 1 |
| - | 4 | 1 | 0 |
| | | | |

2.

| | H | T | O |
|---|---|---|---|
| | 4 | 7 | 6 |
| - | 4 | 1 | 1 |
| | | | |

3.

| | H | T | O |
|---|---|---|---|
| | 6 | 8 | 3 |
| - | 4 | 1 | 2 |
| | | | |

4.

| | H | T | O |
|---|---|---|---|
| | 5 | 5 | 4 |
| - | 4 | 2 | 0 |
| | | | |

5.

| | H | T | O |
|---|---|---|---|
| | 9 | 5 | 5 |
| - | 4 | 1 | 4 |
| | | | |

6.

| | H | T | O |
|---|---|---|---|
| | 8 | 5 | 6 |
| - | 4 | 1 | 0 |
| | | | |

7.

| | H | T | O |
|---|---|---|---|
| | 8 | 5 | 7 |
| - | 4 | 5 | 1 |
| | | | |

8.

| | H | T | O |
|---|---|---|---|
| | 8 | 5 | 8 |
| - | 4 | 0 | 1 |
| | | | |

9.

| | H | T | O |
|---|---|---|---|
| | 7 | 5 | 9 |
| - | 4 | 1 | 0 |
| | | | |

10.

| | H | T | O |
|---|---|---|---|
| | 8 | 6 | 6 |
| - | 4 | 3 | 1 |
| | | | |

11.

| | H | T | O |
|---|---|---|---|
| | 9 | 6 | 7 |
| - | 4 | 3 | 5 |
| | | | |

12.

| | H | T | O |
|---|---|---|---|
| | 7 | 6 | 2 |
| - | 4 | 2 | 1 |
| | | | |

# PRACTICE TIME

**1**

| | H | T | O |
|---|---|---|---|
| | 4 | 5 | 1 |
| - | 2 | 1 | 0 |
| | | | |

**2**

| | H | T | O |
|---|---|---|---|
| | 4 | 5 | 2 |
| - | 2 | 1 | 0 |
| | | | |

**3**

| | H | T | O |
|---|---|---|---|
| | 4 | 5 | 3 |
| - | 2 | 1 | 1 |
| | | | |

**4**

| | H | T | O |
|---|---|---|---|
| | 4 | 5 | 4 |
| - | 2 | 2 | 0 |
| | | | |

**5**

| | H | T | O |
|---|---|---|---|
| | 4 | 5 | 5 |
| - | 2 | 1 | 4 |
| | | | |

**6**

| | H | T | O |
|---|---|---|---|
| | 4 | 5 | 6 |
| - | 2 | 1 | 0 |
| | | | |

**7**

| | H | T | O |
|---|---|---|---|
| | 4 | 5 | 7 |
| - | 2 | 5 | 1 |
| | | | |

**8**

| | H | T | O |
|---|---|---|---|
| | 4 | 5 | 8 |
| - | 2 | 0 | 1 |
| | | | |

**9**

| | H | T | O |
|---|---|---|---|
| | 4 | 5 | 9 |
| - | 2 | 1 | 0 |
| | | | |

**10**

| | H | T | O |
|---|---|---|---|
| | 4 | 6 | 5 |
| - | 2 | 3 | 1 |
| | | | |

**11**

| | H | T | O |
|---|---|---|---|
| | 4 | 6 | 8 |
| - | 2 | 3 | 5 |
| | | | |

**12**

| | H | T | O |
|---|---|---|---|
| | 4 | 6 | 2 |
| - | 2 | 2 | 1 |
| | | | |

# PRACTICE TIME

(1)

| | H | T | O |
|---|---|---|---|
| | 8 | 5 | 7 |
| - | 3 | 1 | 1 |
| | | | |

(2)

| | H | T | O |
|---|---|---|---|
| | 2 | 5 | 7 |
| - | 2 | 1 | 1 |
| | | | |

(3)

| | H | T | O |
|---|---|---|---|
| | 8 | 5 | 7 |
| - | 4 | 1 | 1 |
| | | | |

(4)

| | H | T | O |
|---|---|---|---|
| | 8 | 5 | 7 |
| - | 3 | 2 | 1 |
| | | | |

(5)

| | H | T | O |
|---|---|---|---|
| | 6 | 5 | 7 |
| - | 3 | 1 | 1 |
| | | | |

(6)

| | H | T | O |
|---|---|---|---|
| | 2 | 5 | 7 |
| - | 1 | 1 | 1 |
| | | | |

(7)

| | H | T | O |
|---|---|---|---|
| | 9 | 8 | 7 |
| - | 5 | 5 | 1 |
| | | | |

(8)

| | H | T | O |
|---|---|---|---|
| | 8 | 5 | 7 |
| - | 3 | 0 | 1 |
| | | | |

(9)

| | H | T | O |
|---|---|---|---|
| | 9 | 5 | 7 |
| - | 5 | 1 | 1 |
| | | | |

(10)

| | H | T | O |
|---|---|---|---|
| | 2 | 6 | 7 |
| - | 2 | 3 | 1 |
| | | | |

(11)

| | H | T | O |
|---|---|---|---|
| | 2 | 6 | 8 |
| - | 2 | 3 | 1 |
| | | | |

(12)

| | H | T | O |
|---|---|---|---|
| | 3 | 6 | 7 |
| - | 3 | 0 | 1 |
| | | | |

Date: ____________ Remarks: ____________

# PRACTICE TIME

| 1 | H | T | O |
|---|---|---|---|
| | 5 | 4 | 1 |
| - | 3 | 0 | 0 |
| | | | |

| 2 | H | T | O |
|---|---|---|---|
| | 2 | 4 | 2 |
| - | 2 | 1 | 0 |
| | | | |

| 3 | H | T | O |
|---|---|---|---|
| | 8 | 4 | 3 |
| - | 4 | 2 | 1 |
| | | | |

| 4 | H | T | O |
|---|---|---|---|
| | 5 | 4 | 4 |
| - | 3 | 2 | 0 |
| | | | |

| 5 | H | T | O |
|---|---|---|---|
| | 7 | 4 | 5 |
| - | 3 | 2 | 4 |
| | | | |

| 6 | H | T | O |
|---|---|---|---|
| | 2 | 4 | 6 |
| - | 1 | 1 | 0 |
| | | | |

| 7 | H | T | O |
|---|---|---|---|
| | 8 | 4 | 7 |
| - | 5 | 4 | 1 |
| | | | |

| 8 | H | T | O |
|---|---|---|---|
| | 8 | 4 | 8 |
| - | 3 | 3 | 1 |
| | | | |

| 9 | H | T | O |
|---|---|---|---|
| | 7 | 4 | 9 |
| - | 5 | 2 | 0 |
| | | | |

| 10 | H | T | O |
|---|---|---|---|
| | 8 | 7 | 1 |
| - | 2 | 5 | 1 |
| | | | |

| 11 | H | T | O |
|---|---|---|---|
| | 8 | 4 | 6 |
| - | 2 | 2 | 5 |
| | | | |

| 12 | H | T | O |
|---|---|---|---|
| | 5 | 4 | 2 |
| - | 3 | 1 | 1 |
| | | | |

Date: _____    Remarks:_____

# PRACTICE TIME

**1**

| H | T | O |
|---|---|---|
| 7 | 8 | 0 |
| - 3 | 7 | 0 |

**2**

| H | T | O |
|---|---|---|
| 8 | 5 | 0 |
| - 7 | 1 | 0 |

**3**

| H | T | O |
|---|---|---|
| 7 | 4 | 2 |
| - 6 | 1 | 1 |

**4**

| H | T | O |
|---|---|---|
| 3 | 5 | 2 |
| - 3 | 0 | 0 |

**5**

| H | T | O |
|---|---|---|
| 3 | 5 | 0 |
| - 3 | 1 | 0 |

**6**

| H | T | O |
|---|---|---|
| 5 | 5 | 6 |
| - 1 | 0 | 0 |

**7**

| H | T | O |
|---|---|---|
| 7 | 6 | 2 |
| - 4 | 5 | 0 |

**8**

| H | T | O |
|---|---|---|
| 3 | 4 | 7 |
| - 3 | 0 | 1 |

**9**

| H | T | O |
|---|---|---|
| 9 | 5 | 7 |
| - 5 | 0 | 0 |

**10**

| H | T | O |
|---|---|---|
| 8 | 6 | 9 |
| - 4 | 3 | 9 |

**11**

| H | T | O |
|---|---|---|
| 9 | 3 | 1 |
| - 5 | 3 | 1 |

**12**

| H | T | O |
|---|---|---|
| 9 | 2 | 0 |
| - 4 | 2 | 0 |

# PRACTICE TIME

**1**

| | H | T | O |
|---|---|---|---|
| | 8 | 5 | 1 |
| - | 3 | 1 | 0 |
| | | | |

**2**

| | H | T | O |
|---|---|---|---|
| | 6 | 5 | 2 |
| - | 2 | 1 | 0 |
| | | | |

**3**

| | H | T | O |
|---|---|---|---|
| | 8 | 5 | 3 |
| - | 4 | 1 | 1 |
| | | | |

**4**

| | H | T | O |
|---|---|---|---|
| | 4 | 5 | 4 |
| - | 2 | 2 | 0 |
| | | | |

**5**

| | H | T | O |
|---|---|---|---|
| | 4 | 5 | 5 |
| - | 2 | 1 | 4 |
| | | | |

**6**

| | H | T | O |
|---|---|---|---|
| | 8 | 5 | 6 |
| - | 4 | 1 | 0 |
| | | | |

**7**

| | H | T | O |
|---|---|---|---|
| | 8 | 5 | 7 |
| - | 4 | 0 | 0 |
| | | | |

**8**

| | H | T | O |
|---|---|---|---|
| | 8 | 5 | 8 |
| - | 3 | 0 | 0 |
| | | | |

**9**

| | H | T | O |
|---|---|---|---|
| | 7 | 5 | 1 |
| - | 5 | 1 | 0 |
| | | | |

**10**

| | H | T | O |
|---|---|---|---|
| | 8 | 6 | 0 |
| - | 1 | 0 | 0 |
| | | | |

**11**

| | H | T | O |
|---|---|---|---|
| | 8 | 3 | 1 |
| - | 2 | 3 | 0 |
| | | | |

**12**

| | H | T | O |
|---|---|---|---|
| | 8 | 6 | 1 |
| - | 3 | 0 | 1 |
| | | | |

Date: ____________ Remarks: ____________

# PRACTICE TIME

1)
| | H | T | O |
|---|---|---|---|
| | 7 | 5 | 1 |
| - | 3 | 2 | 0 |
| | | | |

2)
| | H | T | O |
|---|---|---|---|
| | 7 | 5 | 2 |
| - | 2 | 1 | 0 |
| | | | |

3)
| | H | T | O |
|---|---|---|---|
| | 4 | 7 | 3 |
| - | 4 | 1 | 1 |
| | | | |

4)
| | H | T | O |
|---|---|---|---|
| | 7 | 5 | 4 |
| - | 1 | 2 | 0 |
| | | | |

5)
| | H | T | O |
|---|---|---|---|
| | 3 | 5 | 5 |
| - | 2 | 1 | 4 |
| | | | |

6)
| | H | T | O |
|---|---|---|---|
| | 7 | 5 | 6 |
| - | 3 | 1 | 0 |
| | | | |

7)
| | H | T | O |
|---|---|---|---|
| | 7 | 5 | 7 |
| - | 2 | 5 | 1 |
| | | | |

8)
| | H | T | O |
|---|---|---|---|
| | 8 | 5 | 8 |
| - | 7 | 0 | 1 |
| | | | |

9)
| | H | T | O |
|---|---|---|---|
| | 7 | 5 | 9 |
| - | 2 | 1 | 0 |
| | | | |

10)
| | H | T | O |
|---|---|---|---|
| | 8 | 6 | 2 |
| - | 1 | 3 | 1 |
| | | | |

11)
| | H | T | O |
|---|---|---|---|
| | 9 | 6 | 6 |
| - | 8 | 3 | 5 |
| | | | |

12)
| | H | T | O |
|---|---|---|---|
| | 8 | 6 | 2 |
| - | 1 | 2 | 1 |
| | | | |

# PRACTICE TIME

1)
| | H | T | O |
|---|---|---|---|
| | 7 | 5 | 1 |
| - | 3 | 2 | 0 |

2)
| | H | T | O |
|---|---|---|---|
| | 7 | 5 | 2 |
| - | 2 | 1 | 0 |

3)
| | H | T | O |
|---|---|---|---|
| | 4 | 7 | 3 |
| - | 4 | 1 | 1 |

4)
| | H | T | O |
|---|---|---|---|
| | 7 | 5 | 4 |
| - | 1 | 2 | 0 |

5)
| | H | T | O |
|---|---|---|---|
| | 3 | 5 | 5 |
| - | 2 | 1 | 4 |

6)
| | H | T | O |
|---|---|---|---|
| | 7 | 5 | 6 |
| - | 3 | 1 | 0 |

7)
| | H | T | O |
|---|---|---|---|
| | 7 | 5 | 7 |
| - | 2 | 5 | 1 |

8)
| | H | T | O |
|---|---|---|---|
| | 8 | 5 | 8 |
| - | 7 | 0 | 1 |

9)
| | H | T | O |
|---|---|---|---|
| | 7 | 5 | 9 |
| - | 2 | 1 | 0 |

10)
| | H | T | O |
|---|---|---|---|
| | 8 | 6 | 5 |
| - | 1 | 3 | 1 |

11)
| | H | T | O |
|---|---|---|---|
| | 9 | 6 | 8 |
| - | 8 | 3 | 5 |

12)
| | H | T | O |
|---|---|---|---|
| | 8 | 6 | 2 |
| - | 1 | 2 | 1 |

# Chapter # 4

# SUBTRACTION WITH CARRYING

Regrouping in subtraction is a process of exchanging one tens into ten ones. We use regrouping in subtraction equation when the upper number is smaller than the lower number.

$$\begin{array}{r} 50 \\ -47 \\ \hline \end{array} \rightarrow \begin{array}{r} \overset{4+1}{\cancel{5}}0 \\ -47 \\ \hline \end{array} \rightarrow \begin{array}{r} \overset{4}{\cancel{5}}\overset{+10}{0} \\ -47 \\ \hline 03 \end{array}$$

# What is Regrouping? ⬭

The term and concept of regrouping in subtraction is very important to understand. It is also known as "carrying or borrowing". Its all about rearranging the groups according to place value.

The position of the digit in number describes its place values. For this concept, it's good for teachers or parents to use popsicle sticks or toothpicks to describe the whole concept in a good way.

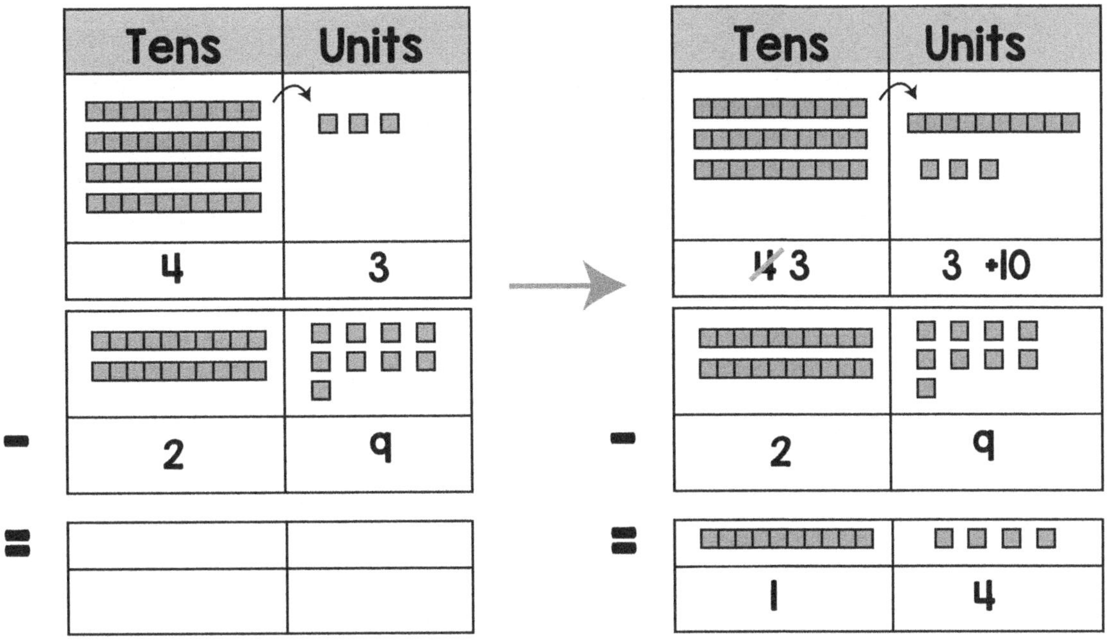

| Tens | Units |
|------|-------|
|  | |
| 4 | 3 |

| Tens | Units |
|------|-------|
|  | |
| 2 | 9 |

| Tens | Units |
|------|-------|
|  | |
|  |  |

→

| Tens | Units |
|------|-------|
|  | |
| ᴶ4 3 | 3 +10 |

| Tens | Units |
|------|-------|
|  | |
| 2 | 9 |

| Tens | Units |
|------|-------|
|  | |
| 1 | 4 |

# PRACTICE TIME

1)

| | H | T | O |
|---|---|---|---|
| | 7 | 5 | 5 |
| - | 3 | 2 | 7 |

2)

| | H | T | O |
|---|---|---|---|
| | 7 | 5 | 4 |
| - | 2 | 1 | 5 |

3)

| | H | T | O |
|---|---|---|---|
| | 4 | 7 | 4 |
| - | 4 | 1 | 9 |

4)

| | H | T | O |
|---|---|---|---|
| | 7 | 5 | 3 |
| - | 1 | 2 | 9 |

5)

| | H | T | O |
|---|---|---|---|
| | 3 | 5 | 5 |
| - | 2 | 1 | 9 |

6)

| | H | T | O |
|---|---|---|---|
| | 7 | 5 | 6 |
| - | 3 | 1 | 8 |

7)

| | H | T | O |
|---|---|---|---|
| | 7 | 5 | 6 |
| - | 2 | 0 | 8 |

8)

| | H | T | O |
|---|---|---|---|
| | 8 | 0 | 7 |
| - | 7 | 0 | 8 |

9)

| | H | T | O |
|---|---|---|---|
| | 9 | 5 | 6 |
| - | 2 | 1 | 7 |

10)

| | H | T | O |
|---|---|---|---|
| | 8 | 6 | 7 |
| - | 1 | 0 | 8 |

11)

| | H | T | O |
|---|---|---|---|
| | 9 | 6 | 5 |
| - | 8 | 3 | 5 |

12)

| | H | T | O |
|---|---|---|---|
| | 8 | 6 | 3 |
| - | 1 | 2 | 7 |

# PRACTICE TIME

1)

| | H | T | O |
|---|---|---|---|
| | 7 | 5 | 8 |
| - | 3 | 7 | 7 |
| | | | |

2)

| | H | T | O |
|---|---|---|---|
| | 7 | 5 | 8 |
| - | 5 | 1 | 5 |
| | | | |

3)

| | H | T | O |
|---|---|---|---|
| | 4 | 7 | 5 |
| - | 4 | 6 | 9 |
| | | | |

4)

| | H | T | O |
|---|---|---|---|
| | 7 | 5 | 5 |
| - | 1 | 3 | 9 |
| | | | |

5)

| | H | T | O |
|---|---|---|---|
| | 3 | 5 | 4 |
| - | 2 | 5 | 5 |
| | | | |

6)

| | H | T | O |
|---|---|---|---|
| | 7 | 5 | 9 |
| - | 3 | 8 | 6 |
| | | | |

7)

| | H | T | O |
|---|---|---|---|
| | 7 | 5 | 3 |
| - | 3 | 5 | 4 |
| | | | |

8)

| | H | T | O |
|---|---|---|---|
| | 9 | 5 | 6 |
| - | 2 | 0 | 7 |
| | | | |

9)

| | H | T | O |
|---|---|---|---|
| | 9 | 5 | 4 |
| - | 2 | 4 | 5 |
| | | | |

10)

| | H | T | O |
|---|---|---|---|
| | 8 | 6 | 4 |
| - | 5 | 3 | 6 |
| | | | |

11)

| | H | T | O |
|---|---|---|---|
| | 8 | 6 | 5 |
| - | 4 | 3 | 5 |
| | | | |

12)

| | H | T | O |
|---|---|---|---|
| | 8 | 6 | 3 |
| - | 6 | 2 | 5 |
| | | | |

Date: ____________________ Remarks: ____________________

# PRACTICE TIME

1

| H | T | O |
|---|---|---|
| 8 | 7 | 2 |
| - 3 | 1 | 9 |

2

| H | T | O |
|---|---|---|
| 8 | 6 | 2 |
| - 2 | 1 | 9 |

3

| H | T | O |
|---|---|---|
| 8 | 7 | 2 |
| - 4 | 1 | 9 |

4

| H | T | O |
|---|---|---|
| 8 | 7 | 0 |
| - 3 | 2 | 9 |

5

| H | T | O |
|---|---|---|
| 8 | 2 | 2 |
| - 3 | 1 | 9 |

6

| H | T | O |
|---|---|---|
| 8 | 6 | 2 |
| - 1 | 1 | 9 |

7

| H | T | O |
|---|---|---|
| 8 | 2 | 0 |
| - 5 | 5 | 9 |

8

| H | T | O |
|---|---|---|
| 8 | 7 | 5 |
| - 3 | 0 | 9 |

9

| H | T | O |
|---|---|---|
| 8 | 7 | 9 |
| - 5 | 1 | 9 |

10

| H | T | O |
|---|---|---|
| 8 | 6 | 7 |
| - 2 | 3 | 9 |

11

| H | T | O |
|---|---|---|
| 8 | 3 | 1 |
| - 1 | 0 | 9 |

12

| H | T | O |
|---|---|---|
| 8 | 0 | 7 |
| - 3 | 2 | 9 |

Date: _____     Remarks:_____

# PRACTICE TIME

**1**

| H | T | O |
|---|---|---|
| 9 | 7 | 1 |
| - 4 | 5 | 7 |

**2**

| H | T | O |
|---|---|---|
| 9 | 6 | 2 |
| - 4 | 1 | 7 |

**3**

| H | T | O |
|---|---|---|
| 9 | 2 | 2 |
| - 4 | 2 | 7 |

**4**

| H | T | O |
|---|---|---|
| 9 | 7 | 0 |
| - 4 | 2 | 7 |

**5**

| H | T | O |
|---|---|---|
| 9 | 6 | 3 |
| - 5 | 3 | 7 |

**6**

| H | T | O |
|---|---|---|
| 9 | 4 | 2 |
| - 2 | 1 | 7 |

**7**

| H | T | O |
|---|---|---|
| 9 | 2 | 7 |
| - 3 | 5 | 7 |

**8**

| H | T | O |
|---|---|---|
| 9 | 7 | 0 |
| - 2 | 1 | 7 |

**9**

| H | T | O |
|---|---|---|
| 9 | 5 | 9 |
| - 7 | 0 | 7 |

**10**

| H | T | O |
|---|---|---|
| 9 | 6 | 7 |
| - 1 | 3 | 7 |

**11**

| H | T | O |
|---|---|---|
| 7 | 3 | 2 |
| - 2 | 1 | 2 |

**12**

| H | T | O |
|---|---|---|
| 9 | 0 | 9 |
| - 4 | 2 | 7 |

# PRACTICE TIME

1)

| | H | T | O |
|---|---|---|---|
| | 9 | 7 | 2 |
| - | 1 | 2 | 8 |

2)

| | H | T | O |
|---|---|---|---|
| | 8 | 7 | 3 |
| - | 4 | 2 | 9 |

3)

| | H | T | O |
|---|---|---|---|
| | 4 | 7 | 4 |
| - | 1 | 6 | 7 |

4)

| | H | T | O |
|---|---|---|---|
| | 9 | 7 | 5 |
| - | 7 | 2 | 6 |

5)

| | H | T | O |
|---|---|---|---|
| | 9 | 7 | 6 |
| - | 8 | 1 | 6 |

6)

| | H | T | O |
|---|---|---|---|
| | 9 | 7 | 7 |
| - | 9 | 2 | 7 |

7)

| | H | T | O |
|---|---|---|---|
| | 9 | 7 | 8 |
| - | 9 | 0 | 6 |

8)

| | H | T | O |
|---|---|---|---|
| | 9 | 7 | 9 |
| - | 7 | 1 | 4 |

9)

| | H | T | O |
|---|---|---|---|
| | 7 | 8 | 1 |
| - | 5 | 1 | 9 |

10)

| | H | T | O |
|---|---|---|---|
| | 8 | 8 | 1 |
| - | 5 | 3 | 4 |

11)

| | H | T | O |
|---|---|---|---|
| | 7 | 8 | 3 |
| - | 6 | 0 | 5 |

12)

| | H | T | O |
|---|---|---|---|
| | 8 | 8 | 4 |
| - | 7 | 1 | 5 |

# PRACTICE TIME

1)

| | H | T | O |
|---|---|---|---|
| | 9 | 7 | 5 |
| - | 1 | 2 | 8 |
| | | | |

2)

| | H | T | O |
|---|---|---|---|
| | 8 | 7 | 5 |
| - | 8 | 2 | 9 |
| | | | |

3)

| | H | T | O |
|---|---|---|---|
| | 4 | 7 | 5 |
| - | 1 | 6 | 7 |
| | | | |

4)

| | H | T | O |
|---|---|---|---|
| | 9 | 7 | 5 |
| - | 7 | 2 | 7 |
| | | | |

5)

| | H | T | O |
|---|---|---|---|
| | 9 | 7 | 5 |
| - | 8 | 1 | 6 |
| | | | |

6)

| | H | T | O |
|---|---|---|---|
| | 9 | 7 | 5 |
| - | 8 | 2 | 7 |
| | | | |

7)

| | H | T | O |
|---|---|---|---|
| | 9 | 7 | 5 |
| - | 7 | 0 | 6 |
| | | | |

8)

| | H | T | O |
|---|---|---|---|
| | 8 | 7 | 5 |
| - | 7 | 8 | 4 |
| | | | |

9)

| | H | T | O |
|---|---|---|---|
| | 7 | 8 | 5 |
| - | 5 | 1 | 9 |
| | | | |

10)

| | H | T | O |
|---|---|---|---|
| | 8 | 8 | 5 |
| - | 5 | 3 | 4 |
| | | | |

11)

| | H | T | O |
|---|---|---|---|
| | 9 | 8 | 5 |
| - | 6 | 0 | 5 |
| | | | |

12)

| | H | T | O |
|---|---|---|---|
| | 8 | 8 | 5 |
| - | 7 | 1 | 5 |
| | | | |

# PRACTICE TIME

1

| | H | T | O |
|---|---|---|---|
| | 8 | 5 | 1 |
| - | 3 | 9 | 9 |

2

| | H | T | O |
|---|---|---|---|
| | 6 | 5 | 2 |
| - | 2 | 7 | 9 |

3

| | H | T | O |
|---|---|---|---|
| | 3 | 5 | 3 |
| - | 4 | 8 | 9 |

4

| | H | T | O |
|---|---|---|---|
| | 5 | 5 | 4 |
| - | 3 | 8 | 0 |

5

| | H | T | O |
|---|---|---|---|
| | 7 | 5 | 5 |
| - | 3 | 7 | 4 |

6

| | H | T | O |
|---|---|---|---|
| | 2 | 5 | 6 |
| - | 1 | 9 | 0 |

7

| | H | T | O |
|---|---|---|---|
| | 9 | 5 | 7 |
| - | 5 | 7 | 1 |

8

| | H | T | O |
|---|---|---|---|
| | 8 | 5 | 8 |
| - | 3 | 9 | 1 |

9

| | H | T | O |
|---|---|---|---|
| | 7 | 5 | 9 |
| - | 5 | 8 | 0 |

10

| | H | T | O |
|---|---|---|---|
| | 8 | 6 | 0 |
| - | 2 | 7 | 1 |

11

| | H | T | O |
|---|---|---|---|
| | 8 | 6 | 1 |
| - | 2 | 9 | 5 |

12

| | H | T | O |
|---|---|---|---|
| | 7 | 6 | 2 |
| - | 3 | 6 | 1 |

# PRACTICE TIME

1

| | H | T | O |
|---|---|---|---|
| | 5 | 4 | 1 |
| - | 4 | 0 | 9 |

2

| | H | T | O |
|---|---|---|---|
| | 8 | 4 | 2 |
| - | 4 | 1 | 8 |

3

| | H | T | O |
|---|---|---|---|
| | 6 | 4 | 3 |
| - | 4 | 2 | 8 |

4

| | H | T | O |
|---|---|---|---|
| | 8 | 4 | 4 |
| - | 7 | 2 | 8 |

5

| | H | T | O |
|---|---|---|---|
| | 9 | 4 | 5 |
| - | 6 | 2 | 8 |

6

| | H | T | O |
|---|---|---|---|
| | 7 | 4 | 6 |
| - | 4 | 1 | 8 |

7

| | H | T | O |
|---|---|---|---|
| | 5 | 4 | 7 |
| - | 4 | 4 | 8 |

8

| | H | T | O |
|---|---|---|---|
| | 7 | 4 | 8 |
| - | 7 | 3 | 9 |

9

| | H | T | O |
|---|---|---|---|
| | 8 | 4 | 9 |
| - | 7 | 2 | 8 |

10

| | H | T | O |
|---|---|---|---|
| | 8 | 4 | 0 |
| - | 5 | 5 | 8 |

11

| | H | T | O |
|---|---|---|---|
| | 9 | 4 | 1 |
| - | 7 | 2 | 8 |

12

| | H | T | O |
|---|---|---|---|
| | 7 | 4 | 2 |
| - | 6 | 1 | 8 |

# PRACTICE TIME

1

| | H | T | O |
|---|---|---|---|
| | 8 | 7 | 2 |
| - | 3 | 9 | 9 |

2

| | H | T | O |
|---|---|---|---|
| | 8 | 6 | 2 |
| - | 2 | 9 | 9 |

3

| | H | T | O |
|---|---|---|---|
| | 8 | 7 | 2 |
| - | 4 | 9 | 9 |

4

| | H | T | O |
|---|---|---|---|
| | 8 | 7 | 0 |
| - | 3 | 9 | 9 |

5

| | H | T | O |
|---|---|---|---|
| | 8 | 2 | 2 |
| - | 3 | 9 | 9 |

6

| | H | T | O |
|---|---|---|---|
| | 8 | 6 | 2 |
| - | 1 | 9 | 9 |

7

| | H | T | O |
|---|---|---|---|
| | 8 | 2 | 0 |
| - | 5 | 9 | 9 |

8

| | H | T | O |
|---|---|---|---|
| | 8 | 7 | 5 |
| - | 3 | 9 | 9 |

9

| | H | T | O |
|---|---|---|---|
| | 8 | 7 | 9 |
| - | 5 | 9 | 9 |

10

| | H | T | O |
|---|---|---|---|
| | 8 | 6 | 7 |
| - | 2 | 9 | 9 |

11

| | H | T | O |
|---|---|---|---|
| | 8 | 3 | 1 |
| - | 1 | 9 | 9 |

12

| | H | T | O |
|---|---|---|---|
| | 8 | 0 | 7 |
| - | 3 | 9 | 9 |

# PRACTICE TIME

1

| | H | T | O |
|---|---|---|---|
| | 8 | 7 | 7 |
| - | 7 | 7 | 5 |

2

| | H | T | O |
|---|---|---|---|
| | 9 | 7 | 7 |
| - | 8 | 9 | 9 |

3

| | H | T | O |
|---|---|---|---|
| | 8 | 8 | 7 |
| - | 4 | 9 | 9 |

4

| | H | T | O |
|---|---|---|---|
| | 8 | 7 | 7 |
| - | 8 | 2 | 9 |

5

| | H | T | O |
|---|---|---|---|
| | 8 | 7 | 2 |
| - | 7 | 9 | 9 |

6

| | H | T | O |
|---|---|---|---|
| | 8 | 7 | 2 |
| - | 8 | 5 | 9 |

7

| | H | T | O |
|---|---|---|---|
| | 8 | 9 | 0 |
| - | 5 | 9 | 9 |

8

| | H | T | O |
|---|---|---|---|
| | 8 | 9 | 5 |
| - | 3 | 9 | 9 |

9

| | H | T | O |
|---|---|---|---|
| | 8 | 9 | 9 |
| - | 5 | 9 | 9 |

10

| | H | T | O |
|---|---|---|---|
| | 8 | 4 | 7 |
| - | 2 | 9 | 9 |

11

| | H | T | O |
|---|---|---|---|
| | 8 | 8 | 1 |
| - | 1 | 8 | 8 |

12

| | H | T | O |
|---|---|---|---|
| | 8 | 9 | 5 |
| - | 3 | 9 | 9 |

# Exercise

**1.** Tara has 600 color pencils. She gives 250 pencils to her friend. How many pencils did Tara have now?

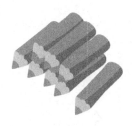

**2.** Mr. Simon's one-week salary is $889 while he buys a bicycle for $330. How much salary is left with Simon?

**3.** There were 889 caterpillars in the garden, 444 of them turned into butterflies, how many caterpillars remain?

Have you enjoyed the activity?

# PRACTICE TIME

1)
| | H | T | O |
|---|---|---|---|
| | 7 | 5 | 9 |
| - | 3 | 2 | 7 |

2)
| | H | T | O |
|---|---|---|---|
| | 7 | 5 | 8 |
| - | 2 | 1 | 5 |

3)
| | H | T | O |
|---|---|---|---|
| | 4 | 7 | 4 |
| - | 4 | 1 | 9 |

4)
| | H | T | O |
|---|---|---|---|
| | 7 | 5 | 3 |
| - | 1 | 2 | 9 |

5)
| | H | T | O |
|---|---|---|---|
| | 3 | 5 | 9 |
| - | 2 | 1 | 5 |

6)
| | H | T | O |
|---|---|---|---|
| | 7 | 5 | 8 |
| - | 3 | 1 | 6 |

7)
| | H | T | O |
|---|---|---|---|
| | 7 | 5 | 6 |
| - | 2 | 0 | 5 |

8)
| | H | T | O |
|---|---|---|---|
| | 9 | 0 | 8 |
| - | 7 | 0 | 7 |

9)
| | H | T | O |
|---|---|---|---|
| | 9 | 5 | 7 |
| - | 2 | 1 | 5 |

10)
| | H | T | O |
|---|---|---|---|
| | 8 | 6 | 7 |
| - | 1 | 0 | 8 |

11)
| | H | T | O |
|---|---|---|---|
| | 9 | 6 | 5 |
| - | 8 | 3 | 5 |

12)
| | H | T | O |
|---|---|---|---|
| | 8 | 6 | 3 |
| - | 1 | 2 | 7 |

# PRACTICE TIME

1)

| | H | T | O |
|---|---|---|---|
| | 7 | 5 | 8 |
| - | 3 | 7 | 7 |

2)

| | H | T | O |
|---|---|---|---|
| | 7 | 5 | 7 |
| - | 5 | 1 | 5 |

3)

| | H | T | O |
|---|---|---|---|
| | 4 | 7 | 5 |
| - | 4 | 6 | 9 |

4)

| | H | T | O |
|---|---|---|---|
| | 7 | 5 | 5 |
| - | 1 | 3 | 9 |

5)

| | H | T | O |
|---|---|---|---|
| | 3 | 5 | 8 |
| - | 2 | 5 | 5 |

6)

| | H | T | O |
|---|---|---|---|
| | 7 | 5 | 9 |
| - | 3 | 8 | 6 |

7)

| | H | T | O |
|---|---|---|---|
| | 9 | 5 | 7 |
| - | 8 | 5 | 4 |

8)

| | H | T | O |
|---|---|---|---|
| | 9 | 5 | 6 |
| - | 9 | 0 | 7 |

9)

| | H | T | O |
|---|---|---|---|
| | 9 | 5 | 9 |
| - | 2 | 4 | 5 |

10)

| | H | T | O |
|---|---|---|---|
| | 8 | 6 | 7 |
| - | 5 | 3 | 6 |

11)

| | H | T | O |
|---|---|---|---|
| | 9 | 6 | 5 |
| - | 8 | 3 | 5 |

12)

| | H | T | O |
|---|---|---|---|
| | 8 | 6 | 3 |
| - | 6 | 2 | 5 |

# PRACTICE TIME

1)
| | H | T | O |
|---|---|---|---|
| | 8 | 7 | 2 |
| - | 3 | 1 | 9 |

2)
| | H | T | O |
|---|---|---|---|
| | 8 | 6 | 2 |
| - | 2 | 1 | 9 |

3)
| | H | T | O |
|---|---|---|---|
| | 8 | 7 | 2 |
| - | 4 | 1 | 9 |

4)
| | H | T | O |
|---|---|---|---|
| | 8 | 7 | 0 |
| - | 3 | 2 | 9 |

5)
| | H | T | O |
|---|---|---|---|
| | 8 | 2 | 2 |
| - | 3 | 1 | 9 |

6)
| | H | T | O |
|---|---|---|---|
| | 8 | 6 | 2 |
| - | 1 | 1 | 9 |

7)
| | H | T | O |
|---|---|---|---|
| | 8 | 2 | 0 |
| - | 5 | 5 | 9 |

8)
| | H | T | O |
|---|---|---|---|
| | 8 | 7 | 5 |
| - | 3 | 0 | 9 |

9)
| | H | T | O |
|---|---|---|---|
| | 8 | 7 | 9 |
| - | 5 | 1 | 9 |

10)
| | H | T | O |
|---|---|---|---|
| | 8 | 6 | 7 |
| - | 2 | 3 | 9 |

11)
| | H | T | O |
|---|---|---|---|
| | 8 | 3 | 1 |
| - | 1 | 0 | 9 |

12)
| | H | T | O |
|---|---|---|---|
| | 8 | 0 | 7 |
| - | 3 | 2 | 9 |

# PRACTICE TIME

1

| | H | T | O |
|---|---|---|---|
| | 9 | 7 | 1 |
| - | 4 | 5 | 7 |

2

| | H | T | O |
|---|---|---|---|
| | 9 | 6 | 2 |
| - | 4 | 1 | 7 |

3

| | H | T | O |
|---|---|---|---|
| | 9 | 2 | 2 |
| - | 4 | 2 | 7 |

4

| | H | T | O |
|---|---|---|---|
| | 9 | 7 | 0 |
| - | 4 | 2 | 7 |

5

| | H | T | O |
|---|---|---|---|
| | 9 | 6 | 3 |
| - | 5 | 3 | 7 |

6

| | H | T | O |
|---|---|---|---|
| | 9 | 4 | 2 |
| - | 2 | 1 | 7 |

7

| | H | T | O |
|---|---|---|---|
| | 9 | 2 | 7 |
| - | 3 | 5 | 7 |

8

| | H | T | O |
|---|---|---|---|
| | 9 | 7 | 0 |
| - | 2 | 1 | 7 |

9

| | H | T | O |
|---|---|---|---|
| | 9 | 5 | 9 |
| - | 7 | 0 | 7 |

10

| | H | T | O |
|---|---|---|---|
| | 9 | 6 | 7 |
| - | 1 | 3 | 7 |

11

| | H | T | O |
|---|---|---|---|
| | 7 | 3 | 2 |
| - | 2 | 1 | 2 |

12

| | H | T | O |
|---|---|---|---|
| | 9 | 0 | 9 |
| - | 4 | 2 | 7 |

Date: ____________________ Remarks: ____________________

# PRACTICE TIME

1

| | H | T | O |
|---|---|---|---|
| | 9 | 7 | 2 |
| - | 1 | 2 | 8 |

2

| | H | T | O |
|---|---|---|---|
| | 9 | 7 | 3 |
| - | 8 | 2 | 9 |

3

| | H | T | O |
|---|---|---|---|
| | 4 | 7 | 4 |
| - | 1 | 6 | 7 |

4

| | H | T | O |
|---|---|---|---|
| | 9 | 7 | 5 |
| - | 7 | 2 | 6 |

5

| | H | T | O |
|---|---|---|---|
| | 9 | 7 | 6 |
| - | 8 | 1 | 6 |

6

| | H | T | O |
|---|---|---|---|
| | 9 | 7 | 7 |
| - | 9 | 2 | 7 |

7

| | H | T | O |
|---|---|---|---|
| | 9 | 7 | 8 |
| - | 9 | 0 | 6 |

8

| | H | T | O |
|---|---|---|---|
| | 8 | 7 | 9 |
| - | 7 | 1 | 4 |

9

| | H | T | O |
|---|---|---|---|
| | 7 | 8 | 1 |
| - | 5 | 1 | 9 |

10

| | H | T | O |
|---|---|---|---|
| | 8 | 8 | 7 |
| - | 5 | 3 | 4 |

11

| | H | T | O |
|---|---|---|---|
| | 8 | 8 | 7 |
| - | 6 | 0 | 5 |

12

| | H | T | O |
|---|---|---|---|
| | 7 | 8 | 7 |
| - | 4 | 1 | 5 |

# PRACTICE TIME

1.

| | H | T | O |
|---|---|---|---|
| | 9 | 7 | 5 |
| - | 1 | 2 | 8 |

2.

| | H | T | O |
|---|---|---|---|
| | 9 | 7 | 5 |
| - | 8 | 2 | 9 |

3.

| | H | T | O |
|---|---|---|---|
| | 4 | 7 | 5 |
| - | 1 | 6 | 7 |

4.

| | H | T | O |
|---|---|---|---|
| | 7 | 7 | 5 |
| - | 4 | 2 | 7 |

5.

| | H | T | O |
|---|---|---|---|
| | 8 | 7 | 5 |
| - | 4 | 1 | 6 |

6.

| | H | T | O |
|---|---|---|---|
| | 9 | 7 | 5 |
| - | 4 | 2 | 7 |

7.

| | H | T | O |
|---|---|---|---|
| | 9 | 7 | 5 |
| - | 4 | 0 | 6 |

8.

| | H | T | O |
|---|---|---|---|
| | 8 | 7 | 5 |
| - | 7 | 1 | 4 |

9.

| | H | T | O |
|---|---|---|---|
| | 7 | 8 | 5 |
| - | 5 | 1 | 9 |

10.

| | H | T | O |
|---|---|---|---|
| | 5 | 8 | 5 |
| - | 5 | 3 | 4 |

11.

| | H | T | O |
|---|---|---|---|
| | 8 | 8 | 5 |
| - | 7 | 7 | 5 |

12.

| | H | T | O |
|---|---|---|---|
| | 7 | 8 | 5 |
| - | 6 | 1 | 5 |

# PRACTICE TIME

| | | | |
|---|---|---|---|
| 1 | H | T | O |
| | 6 | 5 | 1 |
| - | 3 | 9 | 0 |

| | | | |
|---|---|---|---|
| 2 | H | T | O |
| | 3 | 5 | 2 |
| - | 2 | 7 | 0 |

| | | | |
|---|---|---|---|
| 3 | H | T | O |
| | 7 | 5 | 3 |
| - | 4 | 8 | 1 |

| | | | |
|---|---|---|---|
| 4 | H | T | O |
| | 7 | 5 | 4 |
| - | 3 | 8 | 0 |

| | | | |
|---|---|---|---|
| 5 | H | T | O |
| | 6 | 5 | 5 |
| - | 3 | 7 | 4 |

| | | | |
|---|---|---|---|
| 6 | H | T | O |
| | 2 | 5 | 6 |
| - | 1 | 9 | 0 |

| | | | |
|---|---|---|---|
| 7 | H | T | O |
| | 7 | 5 | 7 |
| - | 5 | 7 | 1 |

| | | | |
|---|---|---|---|
| 8 | H | T | O |
| | 6 | 5 | 8 |
| - | 3 | 9 | 1 |

| | | | |
|---|---|---|---|
| 9 | H | T | O |
| | 7 | 5 | 9 |
| - | 5 | 8 | 0 |

| | | | |
|---|---|---|---|
| 10 | H | T | O |
| | 2 | 8 | 0 |
| - | 2 | 7 | 5 |

| | | | |
|---|---|---|---|
| 11 | H | T | O |
| | 2 | 6 | 1 |
| - | 2 | 5 | 5 |

| | | | |
|---|---|---|---|
| 12 | H | T | O |
| | 7 | 2 | 2 |
| - | 3 | 6 | 1 |

# PRACTICE TIME

1)

| | H | T | O |
|---|---|---|---|
| | 6 | 4 | 1 |
| - | 4 | 0 | 9 |

2)

| | H | T | O |
|---|---|---|---|
| | 7 | 4 | 2 |
| - | 4 | 1 | 8 |

3)

| | H | T | O |
|---|---|---|---|
| | 8 | 4 | 3 |
| - | 4 | 2 | 8 |

4)

| | H | T | O |
|---|---|---|---|
| | 8 | 4 | 4 |
| - | 7 | 2 | 8 |

5)

| | H | T | O |
|---|---|---|---|
| | 9 | 4 | 5 |
| - | 6 | 2 | 8 |

6)

| | H | T | O |
|---|---|---|---|
| | 6 | 4 | 6 |
| - | 4 | 1 | 8 |

7)

| | H | T | O |
|---|---|---|---|
| | 5 | 4 | 7 |
| - | 4 | 4 | 8 |

8)

| | H | T | O |
|---|---|---|---|
| | 7 | 4 | 8 |
| - | 7 | 3 | 8 |

9)

| | H | T | O |
|---|---|---|---|
| | 8 | 4 | 9 |
| - | 7 | 2 | 8 |

10)

| | H | T | O |
|---|---|---|---|
| | 9 | 4 | 0 |
| - | 5 | 5 | 8 |

11)

| | H | T | O |
|---|---|---|---|
| | 8 | 4 | 1 |
| - | 7 | 2 | 8 |

12)

| | H | T | O |
|---|---|---|---|
| | 7 | 4 | 2 |
| - | 6 | 1 | 8 |

# Assessment

1. You have 300 apples; you eat 200 apples how many left?

2. There are 400 eggs in a bucket, your mom gave 100 eggs to her friend, how many eggs left?

3. Mom gave you $500 and your brother took $100 from you. How much do you have now?

4. You have 300 candies, you gave 200 candies, how many do you have left now?

5. In the garden there are 200 red roses, 50 roses plucked by the boy, how many left?

6. Smith has 300 color pencils. Simon take from him 150. How many pencils left?

Date: ____________ Remarks: ____________

# ASSESSMENT

1.

| H | T | O |
|---|---|---|
| 7 | 8 | 0 |
| + 3 | 7 | 0 |

2.

| H | T | O |
|---|---|---|
| 8 | 5 | 0 |
| - 7 | 9 | 8 |

3.

| H | T | O |
|---|---|---|
| 7 | 4 | 0 |
| - 6 | 1 | 1 |

4.

| H | T | O |
|---|---|---|
| 3 | 5 | 2 |
| - 3 | 0 | 0 |

5.

| H | T | O |
|---|---|---|
| 3 | 5 | 0 |
| + 3 | 9 | 0 |

6.

| H | T | O |
|---|---|---|
| 5 | 5 | 6 |
| - 1 | 0 | 9 |

7.

| H | T | O |
|---|---|---|
| 7 | 0 | 2 |
| - 4 | 5 | 0 |

8.

| H | T | O |
|---|---|---|
| 3 | 4 | 7 |
| - 3 | 0 | 8 |

9.

| H | T | O |
|---|---|---|
| 9 | 5 | 7 |
| + 5 | 0 | 0 |

10.

| H | T | O |
|---|---|---|
| 8 | 6 | 0 |
| - 4 | 3 | 9 |

11.

| H | T | O |
|---|---|---|
| 9 | 0 | 0 |
| + 5 | 3 | 1 |

12.

| H | T | O |
|---|---|---|
| 9 | 0 | 0 |
| - 4 | 2 | 0 |

Date: _____          Remarks: _____

 # ASSESSMENT

**1**  H T O
   6 6 7
+ 8 6 7
―――――

**2**  H T O
   8 8 9
+ 8 6 8
―――――

**3**  H T O
   9 4 8
- 8 9 9
―――――

**4**  H T O
   9 8 7
- 5 5 9
―――――

**5**  H T O
   9 6 8
+ 2 6 5
―――――

**6**  H T O
   8 7 9
- 5 9 7
―――――

**7**  H T O
   9 0 9
+ 7 6 7
―――――

**8**  H T O
   9 8 7
- 9 7 8
―――――

**9**  H T O
   9 9 7
- 5 9 8
―――――

**10**  H T O
   9 5 7
+ 5 7 6
―――――

**11**  H T O
   8 3 7
- 7 7 9
―――――

**12**  H T O
   9 9 3
- 8 5 8
―――――

Date: ____________ Remarks: ____________

# + ASSESSMENT −

1)

| | H | T | O |
|---|---|---|---|
| | 8 | 7 | 2 |
| - | 3 | 9 | 9 |
| | | | |

2)

| | H | T | O |
|---|---|---|---|
| | 8 | 6 | 2 |
| - | 2 | 9 | 9 |
| | | | |

3)

| | H | T | O |
|---|---|---|---|
| | 8 | 7 | 2 |
| + | 4 | 9 | 9 |
| | | | |

4)

| | H | T | O |
|---|---|---|---|
| | 8 | 7 | 0 |
| + | 3 | 9 | 9 |
| | | | |

5)

| | H | T | O |
|---|---|---|---|
| | 8 | 2 | 2 |
| - | 3 | 9 | 9 |
| | | | |

6)

| | H | T | O |
|---|---|---|---|
| | 8 | 6 | 2 |
| + | 1 | 9 | 9 |
| | | | |

7)

| | H | T | O |
|---|---|---|---|
| | 8 | 2 | 0 |
| - | 5 | 9 | 9 |
| | | | |

8)

| | H | T | O |
|---|---|---|---|
| | 8 | 7 | 5 |
| + | 3 | 9 | 9 |
| | | | |

9)

| | H | T | O |
|---|---|---|---|
| | 8 | 7 | 9 |
| + | 5 | 9 | 9 |
| | | | |

10)

| | H | T | O |
|---|---|---|---|
| | 8 | 6 | 7 |
| + | 2 | 9 | 9 |
| | | | |

11)

| | H | T | O |
|---|---|---|---|
| | 8 | 3 | 1 |
| - | 1 | 9 | 9 |
| | | | |

12)

| | H | T | O |
|---|---|---|---|
| | 8 | 0 | 7 |
| - | 3 | 9 | 9 |
| | | | |

# Answers

| Page # 4 | 1) 482 | 2) 372 | 3) 983 | 4) 690 | 5) 837 | 6) 972 |
| | 7) 671 | 8) 579 | 9) 689 | 10) 998 | 11) 932 | 12) 828 |

| Page # 5 | 1) 681 | 2) 673 | 3) 647 | 4) 690 | 5) 795 | 6) 359 |
| | 7) 778 | 8) 385 | 9) 959 | 10) 999 | 11) 944 | 12) 529 |

| Page # 6 | 1) 553 | 2) 556 | 3) 559 | 4) 558 | 5) 575 | 6) 533 |
| | 7) 725 | 8) 329 | 9) 538 | 10) 561 | 11) 633 | 12) 354 |

| Page # 7 | 1) 404 | 2) 613 | 3) 816 | 4) 481 | 5) 699 | 6) 571 |
| | 7) 714 | 8) 689 | 9) 729 | 10) 469 | 11) 821 | 12) 743 |

| Page # 8 | 1) 686 | 2) 683 | 3) 858 | 4) 669 | 5) 678 | 6) 975 |
| | 7) 986 | 8) 868 | 9) 999 | 10) 793 | 11) 794 | 12) 687 |

| Page # 9 | 1) 897 | 2) 898 | 3) 698 | 4) 998 | 5) 797 | 6) 898 |
| | 7) 996 | 8) 897 | 9) 898 | 10) 939 | 11) 827 | 12) 796 |

| Page # 10 | 1) 759 | 2) 761 | 3) 763 | 4) 765 | 5) 767 | 6) 769 |
| | 7) 768 | 8) 768 | 9) 769 | 10) 769 | 11) 780 | 12) 782 |

| Page # 11 | 1) 911 | 2) 903 | 3) 914 | 4) 916 | 5) 908 | 6) 919 |
| | 7) 917 | 8) 919 | 9) 908 | 10) 939 | 11) 911 | 12) 932 |

| Page # 12 | 1) 592 | 2) 594 | 3) 596 | 4) 598 | 5) 589 | 6) 597 |
| | 7) 578 | 8) 689 | 9) 990 | 10) 582 | 11) 587 | 12) 598 |

| Page # 13 | 1) 561 | 2) 462 | 3) 664 | 4) 574 | 5) 569 | 6) 366 |
| | 7) 798 | 8) 559 | 9) 769 | 10) 491 | 11) 496 | 12) 583 |

| Page # 16 | 1) 491 | 2) 490 | 3) 464 | 4) 699 | 5) 569 | 6) 866 |
| | 7) 687 | 8) 659 | 9) 569 | 10) 893 | 11) 661 | 12) 691 |

| Page # 17 | 1) 461 | 2) 362 | 3) 564 | 4) 474 | 5) 469 | 6) 266 |
| | 7) 698 | 8) 459 | 9) 669 | 10) 391 | 11) 396 | 12) 483 |

| Page # 18 | 1) 511 | 2) 613 | 3) 615 | 4) 574 | 5) 569 | 6) 566 |
| | 7) 588 | 8) 559 | 9) 569 | 10) 591 | 11) 596 | 12) 583 |

| Page # 19 | 1) 661 | 2) 662 | 3) 664 | 4) 674 | 5) 669 | 6) 666 |
|---|---|---|---|---|---|---|
| | 7) 678 | 8) 659 | 9) 669 | 10) 691 | 11) 696 | 12) 683 |
| Page # 20 | 1) 568 | 2) 468 | 3) 668 | 4) 578 | 5) 568 | 6) 368 |
| | 7) 758 | 8) 558 | 9) 768 | 10) 498 | 11) 498 | 12) 568 |
| Page # 21 | 1) 541 | 2) 452 | 3) 664 | 4) 564 | 5) 569 | 6) 356 |
| | 7) 788 | 8) 579 | 9) 769 | 10) 491 | 11) 466 | 12) 553 |
| Page # 22 | 1) 570 | 2) 960 | 3) 851 | 4) 652 | 5) 660 | 6) 656 |
| | 7) 652 | 8) 648 | 9) 757 | 10) 699 | 11) 731 | 12) 620 |
| Page # 23 | 1) 561 | 2) 862 | 3) 764 | 4) 374 | 5) 669 | 6) 766 |
| | 7) 757 | 8) 758 | 9) 861 | 10) 660 | 11) 431 | 12) 561 |
| Page # 24 | 1) 871 | 2) 962 | 3) 884 | 4) 874 | 5) 569 | 6) 866 |
| | 7) 988 | 8) 959 | 9) 969 | 10) 991 | 11) 996 | 12) 983 |
| Page # 27 | 1) 1086 | 2) 973 | 3) 893 | 4) 882 | 5) 574 | 6) 1074 |
| | 7) 961 | 8) 915 | 9) 1172 | 10) 975 | 11) 1000 | 12) 990 |
| Page # 28 | 1) 1135 | 2) 1272 | 3) 944 | 4) 894 | 5) 613 | 6) 1145 |
| | 7) 1711 | 8) 1163 | 9) 1204 | 10) 1403 | 11) 1300 | 12) 1488 |
| Page # 29 | 1) 1191 | 2) 1081 | 3) 1291 | 4) 1199 | 5) 1141 | 6) 981 |
| | 7) 1379 | 8) 1184 | 9) 1398 | 10) 1106 | 11) 940 | 12) 1136 |
| Page # 30 | 1) 1428 | 2) 1379 | 3) 1349 | 4) 1397 | 5) 1500 | 6) 1159 |
| | 7) 1284 | 8) 1187 | 9) 1666 | 10) 1104 | 11) 944 | 12) 1336 |
| Page # 31 | 1) 1100 | 2) 1302 | 3) 641 | 4) 1201 | 5) 1292 | 6) 1404 |
| | 7) 1384 | 8) 1193 | 9) 1300 | 10) 1021 | 11) 1092 | 12) 1202 |
| Page # 32 | 1) 1103 | 2) 1304 | 3) 642 | 4) 1202 | 5) 1291 | 6) 1402 |
| | 7) 1381 | 8) 1189 | 9) 1304 | 10) 1019 | 11) 1090 | 12) 1200 |
| Page # 33 | 1) 641 | 2) 522 | 3) 734 | 4) 634 | 5) 629 | 6) 446 |
| | 7) 828 | 8) 649 | 9) 839 | 10) 531 | 11) 556 | 12) 623 |
| Page # 34 | 1) 650 | 2) 660 | 3) 671 | 4) 972 | 5) 873 | 6) 664 |
| | 7) 695 | 8) 986 | 9) 977 | 10) 798 | 11) 969 | 12) 860 |
| Page # 35 | 1) 1271 | 2) 1161 | 3) 1371 | 4) 1269 | 5) 1221 | 6) 1061 |
| | 7) 1419 | 8) 1274 | 9) 1478 | 10) 1166 | 11) 1030 | 12) 1206 |

| Page # 36 | 1) 1652 | 2) 1776 | 3) 1386 | 4) 1776 | 5) 1671 | 6) 1771 |
| | 7) 1489 | 8) 1294 | 9) 1498 | 10) 1146 | 11) 1069 | 12) 1294 |
| Page # 37 | 1) 1008 | 2) 1556 | 3) 902 | | | |
| Page # 38 | 1) 1379 | 2) 1472 | 3) 1194 | 4) 1483 | 5) 1071 | 6) 1475 |
| | 7) 1464 | 8) 1014 | 9) 1671 | 10) 1576 | 11) 903 | 12) 1593 |
| Page # 39 | 1) 1429 | 2) 1562 | 3) 1674 | 4) 1143 | 5) 1341 | 6) 1645 |
| | 7) 1444 | 8) 1715 | 9) 1544 | 10) 1356 | 11) 1653 | 12) 1253 |
| Page # 40 | 1) 1883 | 2) 1384 | 3) 1389 | 4) 1392 | 5) 1381 | 6) 1382 |
| | 7) 1311 | 8) 1379 | 9) 1694 | 10) 1389 | 11) 1390 | 12) 1620 |
| Page # 41 | 1) 1226 | 2) 1515 | 3) 1314 | 4) 1005 | 5) 1210 | 6) 1105 |
| | 7) 1413 | 8) 1123 | 9) 1415 | 10) 716 | 11) 553 | 12) 617 |
| Page # 42 | 1) 1181 | 2) 1532 | 3) 1344 | 4) 1014 | 5) 1249 | 6) 1146 |
| | 7) 1364 | 8) 1146 | 9) 1430 | 10) 758 | 11) 528 | 12) 660 |
| Page # 43 | 1) 1309 | 2) 1540 | 3) 1268 | 4) 1420 | 5) 849 | 6) 1086 |
| | 7) 1744 | 8) 1646 | 9) 1303 | 10) 1167 | 11) 572 | 12) 491 |
| Page # 44 | 1) 1010 | 2) 1488 | 3) 1198 | 4) 1666 | 5) 795 | 6) 990 |
| | 7) 1607 | 8) 1696 | 9) 1353 | 10) 1098 | 11) 1242 | 12) 1091 |
| Page # 45 | 1) 1534 | 2) 1757 | 3) 1347 | 4) 1546 | 5) 1233 | 6) 1476 |
| | 7) 1676 | 8) 1965 | 9) 1595 | 10) 1533 | 11) 1116 | 12) 1851 |
| Page # 46 | 1) 1086 | 2) 973 | 3) 893 | 4) 882 | 5) 574 | 6) 1074 |
| | 7) 961 | 8) 915 | 9) 1172 | 10) 975 | 11) 1000 | 12) 990 |
| Page # 47 | 1) 1486 | 2) 1273 | 3) 1093 | 4) 1182 | 5) 1074 | 6) 1074 |
| | 7) 1361 | 8) 915 | 9) 1172 | 10) 1075 | 11) 1300 | 12) 1391 |
| Page # 48 | 1) 324 | 2) 679 | 3) 987 | 4) 495 | 5) 346 | 6) 834 |
| | 7) 903 | 8) 811 | **Page # 50** 1) 122 | 2) 223 | 3) 124 | |
| Page # 51 | 1) 262 | 2) 152 | 3) 161 | 4) 50 | 5) 213 | 6) 752 |
| | 7) 431 | 8) 171 | 9) 469 | 10) 536 | 11) 730 | 12) 226 |
| Page # 52 | 1) 261 | 2) 251 | 3) 200 | 4) 150 | 5) 331 | 6) 132 |
| | 7) 116 | 8) 561 | 9) 158 | 10) 735 | 11) 520 | 12) 319 |

| Page # 53 | 1) 551 | 2) 312 | 3) 133 | 4) 118 | 5) 323 | 6) 344 |
|---|---|---|---|---|---|---|
| | 7) 63 | 8) 122 | 9) 358 | 10) 501 | 11) 431 | 12) 114 |
| Page # 54 | 1) 206 | 2) 13 | 3) 274 | 4) 270 | 5) 72 | 6) 111 |
| | 7) 412 | 8) 21 | 9) 305 | 10) 249 | 11) 281 | 12) 103 |
| Page # 55 | 1) 221 | 2) 223 | 3) 56 | 4) 249 | 5) 252 | 6) 251 |
| | 7) 444 | 8) 64 | 9) 439 | 10) 140 | 11) 152 | 12) 263 |
| Page # 56 | 1) 273 | 2) 270 | 3) 464 | 4) 178 | 5) 391 | 6) 291 |
| | 7) 192 | 8) 295 | 9) 298 | 10) 360 | 11) 460 | 12) 532 |
| Page # 57 | 1) 539 | 2) 541 | 3) 541 | 4) 546 | 5) 534 | 6) 543 |
| | 7) 543 | 8) 540 | 9) 540 | 10) 540 | 11) 540 | 12) 540 |
| Page # 58 | 1) 711 | 2) 707 | 3) 760 | 4) 740 | 5) 700 | 6) 711 |
| | 7) 715 | 8) 715 | 9) 708 | 10) 719 | 11) 714 | 12) 710 |
| Page # 59 | 1) 352 | 2) 352 | 3) 352 | 4) 352 | 5) 363 | 6) 357 |
| | 7) 378 | 8) 269 | 9) 170 | 10) 350 | 11) 380 | 12) 370 |
| Page # 60 | 1) 341 | 2) 42 | 3) 142 | 4) 234 | 5) 241 | 6) 146 |
| | 7) 206 | 8) 357 | 9) 149 | 10) 34 | 11) 30 | 12) 541 |
| Page # 63 | 1) 31 | 2) 10 | 3) 22 | 4) 19 | 5) 141 | 6) 246 |
| | 7) 427 | 8) 257 | 9) 149 | 10) 631 | 11) 201 | 12) 36 |
| Page # 64 | 1) 241 | 2) 642 | 3) 442 | 4) 234 | 5) 641 | 6) 46 |
| | 7) 306 | 8) 657 | 9) 349 | 10) 336 | 11) 632 | 12) 341 |
| Page # 65 | 1) 151 | 2) 65 | 3) 271 | 4) 134 | 5) 541 | 6) 446 |
| | 7) 406 | 8) 457 | 9) 349 | 10) 435 | 11) 532 | 12) 341 |
| Page # 66 | 1) 241 | 2) 242 | 3) 242 | 4) 234 | 5) 241 | 6) 246 |
| | 7) 206 | 8) 257 | 9) 249 | 10) 234 | 11) 233 | 12) 241 |
| Page # 67 | 1) 546 | 2) 46 | 3) 446 | 4) 536 | 5) 346 | 6) 146 |
| | 7) 436 | 8) 556 | 9) 446 | 10) 36 | 11) 37 | 12) 66 |
| Page # 68 | 1) 241 | 2) 32 | 3) 422 | 4) 224 | 5) 421 | 6) 136 |
| | 7) 306 | 8) 517 | 9) 229 | 10) 620 | 11) 621 | 12) 231 |

| Page # 69 | 1) 410 | 2) 140 | 3) 131 | 4) 52 | 5) 40 | 6) 456 |
| | 7) 312 | 8) 46 | 9) 457 | 10) 430 | 11) 400 | 12) 500 |
| Page # 70 | 1) 541 | 2) 442 | 3) 442 | 4) 234 | 5) 241 | 6) 446 |
| | 7) 457 | 8) 558 | 9) 241 | 10) 760 | 11) 601 | 12) 560 |
| Page # 71 | 1) 431 | 2) 542 | 3) 62 | 4) 634 | 5) 141 | 6) 446 |
| | 7) 506 | 8) 157 | 9) 549 | 10) 731 | 11) 131 | 12) 741 |
| Page # 72 | 1) 431 | 2) 542 | 3) 62 | 4) 634 | 5) 141 | 6) 446 |
| | 7) 506 | 8) 157 | 9) 549 | 10) 734 | 11) 133 | 12) 741 |
| Page # 75 | 1) 428 | 2) 539 | 3) 55 | 4) 624 | 5) 136 | 6) 438 |
| | 7) 548 | 8) 99 | 9) 739 | 10) 759 | 11) 130 | 12) 736 |
| Page # 76 | 1) 381 | 2) 243 | 3) 6 | 4) 616 | 5) 99 | 6) 373 |
| | 7) 399 | 8) 749 | 9) 709 | 10) 328 | 11) 430 | 12) 238 |
| Page # 77 | 1) 553 | 2) 643 | 3) 453 | 4) 541 | 5) 503 | 6) 743 |
| | 7) 261 | 8) 566 | 9) 360 | 10) 628 | 11) 722 | 12) 478 |
| Page # 78 | 1) 514 | 2) 545 | 3) 495 | 4) 543 | 5) 426 | 6) 725 |
| | 7) 570 | 8) 753 | 9) 252 | 10) 830 | 11) 520 | 12) 482 |
| Page # 79 | 1) 844 | 2) 444 | 3) 307 | 4) 249 | 5) 160 | 6) 50 |
| | 7) 72 | 8) 265 | 9) 262 | 10) 347 | 11) 178 | 12) 169 |
| Page # 80 | 1) 847 | 2) 46 | 3) 308 | 4) 248 | 5) 159 | 6) 148 |
| | 7) 269 | 8) 91 | 9) 266 | 10) 351 | 11) 380 | 12) 170 |
| Page # 81 | 1) 452 | 2) 373 | 3) 136 | 4) 174 | 5) 381 | 6) 66 |
| | 7) 386 | 8) 467 | 9) 179 | 10) 589 | 11) 566 | 12) 401 |
| Page # 82 | 1) 132 | 2) 424 | 3) 215 | 4) 116 | 5) 317 | 6) 328 |
| | 7) 99 | 8) 9 | 9) 121 | 10) 282 | 11) 213 | 12) 124 |
| Page # 83 | 1) 473 | 2) 563 | 3) 373 | 4) 471 | 5) 423 | 6) 663 |
| | 7) 221 | 8) 476 | 9) 280 | 10) 568 | 11) 632 | 12) 408 |
| Page # 84 | 1) 102 | 2) 78 | 3) 388 | 4) 48 | 5) 73 | 6) 13 |
| | 7) 291 | 8) 496 | 9) 300 | 10) 548 | 11) 693 | 12) 496 |
| Page # 85 | 1) 350 | 2) 559 | 3) 445 | | | |

| | | | | | | |
|---|---|---|---|---|---|---|
| **Page # 86** | 1) 432 | 2) 543 | 3) 55 | 4) 624 | 5) 144 | 6) 442 |
| | 7) 551 | 8) 201 | 9) 742 | 10) 759 | 11) 130 | 12) 736 |
| **Page # 87** | 1) 381 | 2) 242 | 3) 6 | 4) 616 | 5) 103 | 6) 373 |
| | 7) 103 | 8) 49 | 9) 714 | 10) 331 | 11) 130 | 12) 238 |
| **Page # 88** | 1) 553 | 2) 643 | 3) 453 | 4) 541 | 5) 503 | 6) 743 |
| | 7) 261 | 8) 566 | 9) 360 | 10) 628 | 11) 722 | 12) 478 |
| **Page # 89** | 1) 514 | 2) 545 | 3) 495 | 4) 543 | 5) 426 | 6) 725 |
| | 7) 570 | 8) 753 | 9) 252 | 10) 830 | 11) 520 | 12) 482 |
| **Page # 90** | 1) 844 | 2) 144 | 3) 307 | 4) 249 | 5) 160 | 6) 50 |
| | 7) 72 | 8) 165 | 9) 262 | 10) 353 | 11) 282 | 12) 372 |
| **Page # 91** | 1) 847 | 2) 146 | 3) 308 | 4) 348 | 5) 459 | 6) 548 |
| | 7) 569 | 8) 161 | 9) 266 | 10) 51 | 11) 110 | 12) 170 |
| **Page # 92** | 1) 261 | 2) 82 | 3) 272 | 4) 374 | 5) 281 | 6) 66 |
| | 7) 186 | 8) 267 | 9) 179 | 10) 5 | 11) 6 | 12) 361 |
| **Page # 93** | 1) 232 | 2) 324 | 3) 415 | 4) 116 | 5) 317 | 6) 228 |
| | 7) 99 | 8) 10 | 9) 121 | 10) 382 | 11) 113 | 12) 124 |
| **Page # 94** | 1) 100 | 2) 300 | 3) 400 | 4) 100 | 5) 150 | 6) 500 |
| | | | | | | |
| **Page # 95** | 1) 1150 | 2) 52 | 3) 129 | 4) 52 | 5) 740 | 6) 447 |
| | 7) 252 | 8) 39 | 9) 1457 | 10) 421 | 11) 1431 | 12) 480 |
| **Page # 96** | 1) 1534 | 2) 1757 | 3) 49 | 4) 428 | 5) 703 | 6) 282 |
| | 7) 1676 | 8) 9 | 9) 399 | 10) 1533 | 11) 58 | 12) 135 |
| **Page # 97** | 1) 473 | 2) 563 | 3) 1371 | 4) 1269 | 5) 423 | 6) 1061 |
| | 7) 221 | 8) 1274 | 9) 1478 | 10) 1166 | 11) 632 | 12) 408 |

Made in the USA
Monee, IL
19 October 2021